U0182038

空间信息获取与处理前沿技术丛书

多源反向交叉眼干扰技术

刘天鹏　魏玺章　刘　振　程　耘　谭嘉琦　著

科学出版社

北　京

内 容 简 介

本书凝结了雷达对抗领域中交叉眼干扰技术的最新成果,系统论述了可有效对抗单脉冲雷达的多源反向交叉眼干扰理论与技术,为反向交叉眼干扰的工程应用提供参考。内容可以分为三部分:第一部分在分析对抗单脉冲测角雷达的干扰现状的基础上,着重介绍交叉眼干扰的理论发展历程、现役装备,论述传统交叉眼干扰的若干应用难题;第二部分阐述性能优于传统交叉眼干扰的多源线阵反向交叉眼干扰技术,主要包括干扰性能分析、参数容限需求分析、干信比需求分析;第三部分阐述性能稳健的多源圆阵反向交叉眼干扰技术,并与传统交叉眼干扰、多源线阵反向交叉眼干扰进行对比。第二部分和第三部分是本书的重点内容。

本书可供从事电子战、雷达对抗研究的高校师生以及工程技术人员参考。

图书在版编目(CIP)数据

多源反向交叉眼干扰技术 / 刘天鹏等著 . —北京:科学出版社,2023.9
(空间信息获取与处理前沿技术丛书)
ISBN 978-7-03-076143-9

Ⅰ.①多… Ⅱ.①刘… Ⅲ.①雷达电子对抗—电子干扰 Ⅳ.①TN972

中国国家版本馆 CIP 数据核字(2023)第 152169 号

责任编辑:张艳芬 / 责任校对:崔向琳
责任印制:师艳茹 / 封面设计:陈 敬

科 学 出 版 社 出版
北京东黄城根北街 16 号
邮政编码: 100717
http://www.sciencep.com

北京中石油彩色印刷有限责任公司 印刷
科学出版社发行 各地新华书店经销

*

2023 年 9 月第 一 版 开本:720×1000 B5
2023 年 9 月第一次印刷 印张:9 1/2
字数:174 000

定价:118.00 元
(如有印装质量问题,我社负责调换)

"空间信息获取与处理前沿技术丛书"编委会

"空间信息获取与处理前沿技术丛书"序

进入21世纪,世界各大国加紧发展空间攻防武器装备,空间作战被提到了国家军事发展战略的高度,太空已成为国际军事竞争的战略制高点。作为空间攻防的重要支撑,同时伴随着我国在载人航天、高分专项、嫦娥探月、北斗导航等重大航天工程取得的成功,空间信息获取与处理技术也得到了蓬勃发展,受到国家高度重视。空间信息获取与处理前沿技术在科学内涵上属于空间科学技术与电子信息技术交叉的学科,为各种航天装备的开发和建设提供支持。

国防科技大学是我国国防科技自主创新的高地。为适应空间攻防国家重大战略需求和学科发展要求,2004年正式成立了空间电子技术研究所,经过十多年的发展,目前已经成长为相关领域研究的中坚力量,取得了一大批研究成果,在国内电子信息领域形成了一定的影响力。为总结和展示空间电子技术研究所多年的研究成果,也为有志于投身空间信息技术事业的研究人员提供一套有用的参考书,我们组织撰写了"空间信息获取与处理前沿技术丛书"(以下简称丛书),对推动我国空间信息获取与处理技术的发展无疑具有极大的裨益。

空间信息领域涉及信息、电子、雷达、轨道、测绘等诸多学科,其新理论、新方法与新技术层出不穷。作者结合严谨的理论推导和丰富的应用实例对各个专题进行了深入阐述,丛书概念清晰,前沿性强,图文并茂,文献丰富,凝结了各位作者多年深耕结出的累累硕果。

相信丛书的出版能为广大读者带来一场学术盛宴,成为我国空间信息技术发展史上的一道风景和独特印记。丛书的出版得到了国防科技大学和科学出版社的大力支持,各位作者在繁忙教学科研工作中高质量地完成书稿,在此特向他们表示深深的谢意。

2019年1月

前　言

高效低费的精确制导武器已成为战场上最主要的硬杀伤武器,是空海战场中战斗机、舰船等装备的主要威胁。基于雷达末制导的精确制导武器,通过单脉冲测角方式实现对目标精确的角度跟踪,具备较高的测角精度和较强的抗干扰能力。相应地,对抗单脉冲测角雷达的干扰技术成为当前电子战领域研究的热点和难点。近几年,作为一种有效对抗单脉冲测角雷达的干扰样式之一,交叉眼干扰技术已被广泛研究。然而,苛刻的参数容限、较高的干信比需求、较小的波前扭曲宽度都制约了交叉眼干扰技术的工程转化。发展交叉眼干扰理论,推进交叉眼干扰技术在战斗机、舰船等装备上的应用,意义重大。

本书着重介绍研究团队在交叉眼干扰领域的最新研究成果。内容涵盖交叉眼干扰的基本原理、理论发展历程,以及现役干扰装备等,在此基础上,重点阐述多源反向交叉眼干扰技术的两种基本样式——多源线阵反向交叉眼干扰和多源圆阵反向交叉眼干扰。同时,本书介绍交叉眼干扰技术的发展趋势,为读者提供该技术方向的最新前沿建议。本书内容既有抽象的干扰数学模型、详细的理论分析,也有充分的仿真实验,同时理论与应用相结合,以干扰理论为牵引,解决工程应用难题,给出构建多源反向交叉眼干扰系统的合理建议。

本书由刘天鹏、魏玺章、刘振、程耘、谭嘉琦共同撰写完成,刘天鹏负责第 1~3、6、7 章的撰写工作,魏玺章负责第 4 章的撰写工作,刘振负责第 5 章的撰写工作,程耘和谭嘉琦负责统稿。特别感谢刘永祥、姜卫东、杨德贵、高勋章、彭勃、张双辉、卢建荣、江新华等为本书做出的贡献。

本书得到了国家自然科学基金项目(基金号:61801488)、国防科技大学电子科学学院的资助,在此一并表示感谢。

本书是作者及其研究团队在雷达对抗领域最新理论探索,对交叉眼干扰理论发展及其系统研制、实验、应用均有参考价值。

限于作者水平,书中难免存在不足之处,敬请读者批评指正。

目　　录

第 1 章 绪 论

1.1 引 言

单脉冲测角技术主要用于测量脉冲信号的到达方向(direction of arrival, DOA),利用同时波束比较测角法,在一个脉冲回波内获取目标的角度信息[1-6]。自 1947 年美国 Becky 比较完整地提出单脉冲方案,单脉冲雷达被广泛应用于火控、跟踪制导、弹道测量等军事领域中。其中,具有代表性的单脉冲雷达是 1956 年美国无线电公司研制的靶场测量雷达 AN/FPS-16,其角跟踪精度为 0.1~0.2 密位。目前,主动式雷达导引头通常采用单脉冲测角技术实现末段精确制导。典型的雷达导引头有 R-27R1ER1 导弹的 9B-1101K 双平面单脉冲半主动式导引头[图 1.1(a)]、R-27EA 导弹的 9B-1103M 主动式雷达导引头[图 1.1(b)]以及 R-77 导弹的 9B-1348E 主动式雷达导引头[图 1.1(c)]。

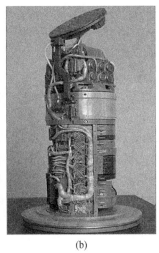

(a)　　　　　　　　　　(b)　　　　　　　　　　(c)

图 1.1　单脉冲雷达制导的雷达导引头

自单脉冲雷达广泛应用于空空导弹、反舰导弹等精确制导武器,干扰单脉冲雷达一度成为电子战领域的研究热点[7-15]。为提高飞机、舰船等重要武器平台的战场生存能力,通常采用角跟踪环路这一反制措施来破坏单脉冲雷达。不同于采用顺序波束比较测角法的圆锥扫描雷达,单脉冲雷达通过一个脉冲回波即可获取目标的方位/俯仰角坐标,因而具有较高的抗干扰能力[16-18]。根据单脉冲雷达设计中的缺陷以及易受多点源干扰的弱点[19-23],可将对抗单脉冲雷达的干扰样式大致分为以下类别[20]:地形反弹干扰、镜像干扰、边频干扰、闪烁干扰、拖曳式诱饵、交叉极化干扰,以及交叉眼干扰等。然而,上述干扰样式大部分在实际应用时难以达到令人满意的角度欺骗干扰效果。例如,交叉极化干扰可被极化过滤器削弱干扰效果[24,25],编队干扰适合飞机编队且受雷达分辨单元制约[26,27],拖曳式诱饵存在诸如干扰盲区、难以对抗多弹头等缺陷[28-32]。

交叉眼干扰被认为是单脉冲雷达最有效的干扰样式[33]。受角闪烁干扰雷达测角的启发[34-39],文献[40]和[41]第一次提出了交叉眼干扰的概念。随着数字射频存储器(digital radio frequency memory,DRFM)的提出及其在电子干扰系统中的广泛应用[42-45],交叉眼干扰机能够有效干扰单脉冲雷达这一结论在 2000 年外场试验中首次被验证[46]。然而,传统的两源交叉眼干扰在实际应用中受限于较高的干信比(jammer-to-signal ratio,JSR)需求和苛刻的参数容限,很难达到令人满意的干扰效果[47]。因此,需要发展新型的、贴近实用的交叉眼干扰理论,以指导干扰系统设计。

本书以克服传统交叉眼干扰难以实用化的缺点为出发点,以对单脉冲雷达形成持续稳健的角度欺骗干扰为落脚点,通过增加干扰机系统的自由度,深入研究基于反向阵列天线结构的多源反向交叉眼干扰。

1.2　角度欺骗干扰的研究现状

交叉眼干扰属于角度欺骗干扰范畴。角度欺骗干扰产生错误的目标角度信息以欺骗雷达检测和跟踪系统,使雷达无法准确获得目标真实的角度信息,不能跟踪目标甚至造成跟踪环路失锁[17,48]。角度欺骗干扰不具有通用性,其针对不同测角体制雷达制定不同的干扰方法。早期的炮瞄雷达采用圆锥扫描测角体制,根据其信号包络的正弦调制特性,采用倒相干扰、扫频方波干扰等干扰方法能够有效干扰圆锥扫描雷达[17,18,20]。随着线性扫描体制雷达的出现,角度波门挖空干扰、角度波门拖引干扰等干扰方法被提出[17,49]。然而,由于圆锥扫描雷达以及线性扫描雷达容易受到干扰而被逐步淘汰,相应的角度欺骗干扰样式也失去了研究价值。

考虑到目前先进的跟踪制导雷达普遍采用单脉冲测角体制,本节重点论述针对单脉冲雷达的角度欺骗干扰的研究现状。对抗单脉冲雷达的角度欺骗干扰可按照干扰机或干扰源的空间配置方式不同分为两种:一种是平台外干扰(off-board jamming),干扰机配置在被保护平台之外;另一种是平台上干扰(on-board jamming),干扰机配置在被保护平台上。下面针对两种分类方式对角度欺骗干扰的研究现状进行阐述。

1.2.1 平台外干扰

当单脉冲雷达的角分辨单元内出现两个或多个目标或信号源时,单脉冲雷达无法分辨出多个目标,单脉冲处理器把多个目标识别为一个目标并跟踪它们的能量质心[19]。平台外干扰正是利用了单脉冲雷达这一缺点实施角度欺骗干扰。平台外干扰释放的干扰机或干扰源远离平台,不仅解决了对平台的限制,而且干扰方式多样,具有体积小、成本低、使用灵活等特点[50]。因此,早期的角度欺骗干扰大多采用平台外干扰,人们研制了大量的干扰装备。典型的平台外干扰样式及其装备如表 1.1 所示。

表 1.1 典型的平台外干扰样式及其装备

平台	干扰样式	典型装备	优点	缺点
飞机	拖曳式诱饵	转发式诱饵 AN/ALE-50; 光纤式诱饵 AN/ALE-55	能实现方位欺骗; 不易分辨; 体积小、质量轻; 成本较低	存在锥形盲区; 诱偏性能不稳定; 难以抗多导弹; 影响载机机动
	空射式诱饵	空射诱饵弹 MALD; 改进型空射诱饵弹 MALD-J	能实现方位欺骗; 可同时释放多枚; 飞行控制简单; 体积小、质量轻; 成本较低	施放时机难确定; 诱偏可靠性不足; 干扰时间有限
舰船	海上浮标	AN/SSQ-95 型有源电子浮标; Lures 型有源电子浮标	能实现方位欺骗; 悬停诱饵弹不受气象条件影响; 无人机工作时间不受电源限制	系统复杂; 技术难度大; 操作要求高; 伞降诱饵弹受气象条件影响; 伞降诱饵弹工作时间受限于电池或降落伞的性能
	伞降诱饵弹	Siren 诱饵弹; 舰外有源诱饵系统		
	悬停诱饵弹	Nulka 悬停式有源诱饵		
	无人机诱饵	飞行雷达目标(FLYRT); 线控无人机诱饵 Eager		

注:FLYRT 的全称为 flying radar target。

1. 飞机平台

1) 拖曳式诱饵

拖曳式诱饵(图 1.2)通过电缆与飞机平台相连接,诱饵内装有转发式或应答式干扰机,投放后通过电缆被飞机拖曳着飞行[29,51]。当飞机受到导弹威胁时,干扰机发射较强的干扰信号,与目标信号一起形成非相干两点源干扰,造成导引头角度跟踪偏差,使导弹无法打中飞机目标[28,30-32,52-54]。典型的拖曳式诱饵(towed decoy,TD)装备为由雷神(Raytheon)公司研制开发的 AN/ALE-50[图 1.2(a)],装备在美国空军、海军以及海军陆战队的 F-16、F/A-18E/F 以及 B-1B 战斗机上[55]。AN/ALE-50 在实战中已被验证了其强大的干扰能力。在 1999 年的科索沃战争中,美军参战飞机依靠 ALE-50 转发式拖曳诱饵诱骗了至少 10 枚已锁定飞机的地空导弹,其中 9 枚穿越,1 枚打掉了诱饵。目前,美军装备的拖曳式诱饵已发展至第二代光纤拖曳式诱饵(fiber-optical towed decoy,FOTD),由 BAE 系统公司于 1997 年开始研制,典型产品为 AN/ALE-55[56]。

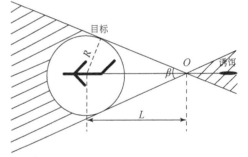

(a) AN/ALE-50 拖拽式诱饵弹   (b) 拖拽式诱饵的锥形盲区

图 1.2 拖曳式诱饵

L- 拖曳线度;*O*- 拖曳式诱饵位置;*R*- 遮挡区域半径,即导弹杀伤半径;*β*- 锥体张角

然而,拖曳式诱饵存在易被识别的缺点[57,58]。文献[29]、[32]、[59]指出,为使拖曳式诱饵有效,诱饵释放的时机应保证飞机与干扰机在角度、距离和速度上的差异都小于雷达的分辨率,否则雷达会分别识别出飞机和干扰机,进而跟踪飞机。同时,选择合适的拖曳线长度,以保证载机到能量质心处的距离在导弹的爆炸范围之外,线长一般为 90～150m。文献[22]指出,干扰机回波相对于飞机回波有一定延迟,距离波门锁定飞机后,干扰机回波将被忽略,只有测距能力较差的雷达容易受拖曳诱饵的影响。另外,当遭受多导弹饱和攻击时,拖曳式诱饵被攻击后无法再保护飞机等目标。同时,拖曳式诱饵在使用中存在锥形盲区[60],导致干扰空域受限

[图 1.2(b)]。拖曳式诱饵的诸多缺陷影响了角度欺骗干扰的稳定性。

2) 空射式诱饵

空射式诱饵的典型装备是美国空军装备的小型空中投射式诱饵(miniature air launched decoy,MALD)[61-63],如图 1.3 所示。MALD 可以逼真模拟 B-52 轰炸机、F-16 战斗机等机型的雷达电磁反射特征,使敌方防空雷达无法跟踪被掩护飞机目标,具有模块化、可编程、成本低等特性。1995 年,美国国防部预研局提出了MALD 的研制计划,1996 年美国 TRA(Teledyne Ryan Aeronautical)公司获得MALD 的研发合同,并于 1999 年 2 月将 MALD 样弹在 F-16 战斗机上进行了首飞,军方编号为 ADM-160A[62]。然而由于射程、续航能力以及成本问题,2002 年美国空军终止了与 TRA 公司的研发合同,并于 2003 年将新的 MALD 研发合同授予雷神公司。2008 年,雷神公司宣布完成了 MALD 的全部飞行试验,该诱饵在 B-52 轰炸机和 F-16 战斗机上共进行了 35 次飞行试验,其中 33 次获得了成功,2009年美国空军接收了第一批 MALD,军方编号为 ADM-160B。2008 年,美国空军与雷神公司改进了 MALD,增加了干扰机和数据链,称为小型空射诱饵弹-干扰机(miniature air launched decoy-jammer,MALD-J),军方编号为 ADM-160C,发动机由涡喷发动机改为涡扇发动机,在自由飞行试验中其飞行距离达到 925km。改进的 MALD-J 既可以作为飞机诱饵,又能干扰敌方雷达。2011 年,MALD-J 进入小批量生产阶段,并于 2012 年宣布在预算内完成 MALD-J 的研发项目,于 2012 年9 月 6 日向美国空军交付第一批 MALD-J。MALD 和 MALD-J 主要装备在 B-52 轰炸机和 F-16 战斗机上。MALD-J 可替代电子战飞机实施电子干扰,增加战斗部后可以对敌方雷达实施反辐射打击。2018 年 8 月,改进型 MALD-X 完成了低空自由飞行演示,并增强了电子战载荷和网络数据链。

(a) 基本型MALD　　　　　　　　　　　　(b) 干扰型MALD-J

图 1.3　空射式诱饵弹

由于体积小、质量轻、成本低,MALD 和 MALD-J 可在任务中一次性投放多枚。每架 F-16 可以携带 4 枚诱饵弹,每架 B-52 可携带 16 枚诱饵弹,而每架 C-130

"大力神"运输机可一次性投放数百枚诱饵弹。MALD 和 MALD-J 可单机挂载、自卫使用,也可编队飞行,开辟安全走廊[64]。单机使用时,作战飞机在受到敌方防空武器和导弹威胁情况下,发射 MALD 诱饵弹,与作战飞机形成非相干两点源干扰,对防空武器制导雷达和机载火控雷达实施欺骗式干扰,诱使敌方导弹不能打击作战飞机。编队飞行时,作战飞机预先发射 MALD-J 到指定作战空域,并模拟作战飞机的雷达回波,在指定空域内形成多架作战飞机进入的虚假空情,或者采用压制式干扰,使敌方雷达系统饱和,开辟安全飞行走廊[65]。

然而,单机使用的 MALD 一般在作战飞机受到敌方导弹威胁时才会投放,将MALD 投放到有效干扰空域时需要一定的时间,若 MALD 与作战飞机距离太近则会威胁到作战飞机,若距离太远使得两者不在单脉冲导引头的角分辨单元内,则起不到保护作用。因此,MALD 的施放时机会直接影响到干扰效果。对于采用主被动复合制导的导弹来说,当主动雷达导引头开机时,导弹已经迫近作战飞机,此时 MALD 没有充足的时间投放到有效干扰空域。此外,投放的 MALD 无法进行回收。MALD 的工作原理尚不明确,仅能从相关新闻报道中进行猜测,我国未来可借鉴 MALD 进行相关研究。

2. 舰船平台

采用拖曳式、漂浮式、悬停式以及助飞式的舷外有源诱饵可以实现对单脉冲雷达的角度欺骗干扰[66-74]。比较有影响的舷外有源诱饵有:英国马可尼公司研发的舰拖有源诱饵 TOAD;美国利顿应用技术公司研制的 AN/SSQ-95 型有源电子浮标和 Lures 型有源电子浮标;英国、法国联合开发的 Siren 诱饵弹和舰外有源诱饵系统;澳大利亚、美国联合研制的 Nulka 悬停式有源诱饵弹;美国海军的 FLYRT折叠式无人机等。

AN/SSQ-95 型有源电子浮标封装在 A 级尺寸声呐浮标容器内,可从舰船上发射,也可用直升机投放,一般发射到距离舰船 150~250m 处,入水后海水电池激活,有源电子浮标浮上水面自动竖起系统天线,以较大功率连续转发雷达脉冲信号,与母舰形成非相干两点源干扰,诱使导弹打击到浮标与舰船之间的能量质心处[67,70]。然而,有源电子浮标的干扰稳定性受海浪起伏的影响较大。

Siren 诱饵弹(图 1.4)在适当的发射时机由舰船上的发射架将其发射到离舰船400~500m 的高空中,当火箭燃料燃尽时打开降落伞,同时干扰机开机发射干扰信号,使导弹偏离舰船,然而降落伞的降落轨迹受气象条件影响较大,恶劣气象条件下,Siren 诱饵弹干扰性能难以使用[67,69,73,74]。

Nulka 悬停式有源诱饵弹由一次性假目标弹、发射装置和射击指挥部分组成,其中假目标弹形状为上端带有旋翼的圆柱形长筒,如图 1.5 所示。Nulka 悬停式

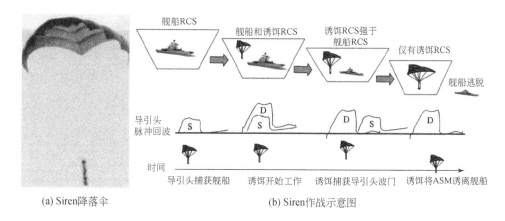

(a) Siren降落伞 (b) Siren作战示意图

图 1.4 Siren 诱饵弹

RCS-雷达截面积(radar cross section);S-舰船目标回波信号;D-诱饵信号;ASM-反舰导弹(anti ship missile)

有源诱饵弹发射前根据被保护舰船的航向、航速以及风向等参数,计算最佳的发射时间和飞行航线,并将飞行航线数据传输到飞行控制器中。当侦测到导弹来袭时,Nulka 诱饵弹根据最佳发射时间全自动、半自动和手动进行发射,将导弹拖离母舰。尽管 Nulka 可在强浪(5 级海况)和狂风(时速 60km)情况下使用,但其体积笨重,在空中悬停时间相对较短[67,69,74]。

  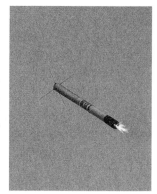

(a) Nulka发射器 (b) Nulka发射情景 (c) Nulka诱饵弹

图 1.5 Nulka 悬停有源诱饵弹

FLYRT 折叠式无人机机身采用铝合金材料,机翼和尾翼采用石墨纤维增强材料。机翼折叠后装入 0.23m × 0.23m × 1.65m 的设备箱内上舰和发射。FLYRT 借助低过载的固体燃料助推火箭发射,火箭燃烧约 1.6s,无人机在自动驾驶仪控制下将尾翼立即张开,火箭燃烧完毕后被抛弃。无人机达到最高点后,机翼转 90°到正常位置,外翼及螺旋桨张开,按照预定飞行线路进行飞行,可编程使其绕舰船飞行。电动机在发射 7s 后启动,用于电子战的两根天线随之展开。然而,无人机诱饵系统复杂,技术难度大。另外,无人机受弹上电池限制,仅有几分钟的飞行时间[67,74]。

1.2.2　平台上干扰

平台外干扰机多为消耗品,具有可靠性低、干扰准备时间长、有效作业时间短、天气条件依赖性强、寿命周期成本高,以及难以对抗多导弹威胁的缺陷[46],在实战中角度欺骗干扰效果并不理想。平台上干扰相比平台外干扰不存在上述缺陷,在对抗单脉冲雷达的过程中更有优势。

根据干扰机理的不同,将平台上干扰分为两类[19]:一类是利用单脉冲雷达设计和制造中的缺陷使角误差符号反转的干扰样式,另一类是利用单脉冲雷达易受多点源干扰的弱点使其无法分辨或指向目标的干扰样式,如表 1.2 所示。平台上干扰发展相对缓慢,有的干扰样式仍处于理论阶段,未能查阅到相关的干扰设备,而由于涉及军事秘密,交叉眼干扰也仅有极少量的试验系统或者装备出现在报道中。

1. 符号反转类

1) 镜频干扰

雷达利用本振将射频信号混频到中频信号时,会产生镜频信号,如图 1.6 所示。镜频信号将严重影响雷达接收机性能,接收机一般会设计滤波器对镜频信号进行抑制。镜频干扰正是在镜频处产生干扰信号,当镜频干扰信号功率足够大且

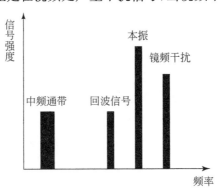

图 1.6　混频后的镜频信号

无法被接收机完全抑制时,就会与目标回波一起被雷达进行后续的信号处理。镜频干扰信号的相位与真实回波信号的相位相反,导致单脉冲雷达测角误差信号改变符号,使雷达天线偏离目标方向移动[19]。

表 1.2 典型的平台上干扰样式

平台	干扰样式	工作原理	缺点
符号反转类	镜频干扰	镜频干扰信号的相位与真实目标回波的相位相反,导致单脉冲雷达测角误差信号改变符号	干扰性能不可靠; 镜频抑制滤波器可抗此类干扰
	边频干扰	在雷达接收机边频范围内注入高功率的相位杂乱干扰信号,导致雷达的跟踪电路失灵	干扰性能不可靠; 干扰信号功率要求高
	交叉极化干扰	当功率很强的交叉极化干扰信号照射雷达时,单脉冲雷达将会用 Condon 瓣对准目标而产生测角误差	干扰信号功率要求高; 交叉极化干扰信号须与主极化信号完全正交; 仅适用抛物面天线; 极化滤波器可抗此干扰
测角偏差类	编队干扰	当单脉冲雷达的分辨单元内存在多个目标时,如飞机编队,单脉冲雷达跟踪编队的质心位置	飞机编队应时刻处于分辨单元内; 难以对抗距离、角度高分辨雷达
	地形反弹干扰	干扰机对地发射功率很强的干扰信号并经过地面反弹,单脉冲雷达将跟踪地面反弹回波而产生测角误差	干扰信号功率要求高; 通过距离信息可识别; 干扰信号波束要求旁瓣低
	闪烁干扰	位于同一分辨单元内的两部干扰机,以接近雷达引导伺服带宽的速率交替闪烁工作,造成单脉冲雷达交替跟踪其中一部干扰机,最终会随着距离靠近而剧烈摆动,最终无法跟踪目标	闪烁的转换频率接近雷达引导伺服带宽; 干扰信号功率要求高; 两部干扰机不被雷达从距离、速度和角度上分离
	交叉眼干扰	基于角闪烁理论的相干干扰,通过发射两路幅度近似相等、相位相差 180° 的干扰信号,使得单脉冲雷达无法跟踪被保护平台	系统参数容限苛刻; JSR 要求高; 干扰机相对单脉冲雷达的转角影响干扰性能

然而,除了雷达发射频率外,镜频干扰需要了解雷达接收机更多的设计细节。另外,镜频干扰信号要求具有较高的功率才能克服镜频抑制滤波器的影响。雷达

接收机设计改良后可以屏蔽镜频干扰,因此该方法不具有实用性,目前仅停留于理论阶段。

2) 边频干扰

雷达接收机中的通带滤波器旨在使通道内的信号以最小的衰减通过,而对通道外的信号产生尽可能大的衰减。然而,实际的通带滤波器在通带边缘处的衰减不会使边缘处的信号完全被抑制。同时,通带内的相位响应是线性的,而通带边缘处的相位响应是不确定和非线性的,如图 1.7 所示。边频干扰利用了带通滤波器频带边缘处相位不确定性和非线性,在雷达接收机的边频附近注入高功率的干扰信号,使其通过带通滤波器,并产生错误的相位,导致雷达的跟踪电路失灵。文献[19]指出边频干扰不仅要克服滤波器的衰减,而且要大于真实目标回波的功率,因此边频干扰要求干扰信号功率非常高,不具有实用性。

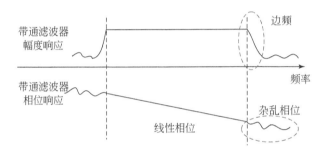

图 1.7　带通滤波器的幅度响应与相位响应

3) 交叉极化干扰

交叉极化干扰能有效干扰采用抛物面天线的单脉冲测角雷达[7,19,20,22,25,75-77]。抛物面天线具有前向几何结构,将会产生正交极化于主天线馈源的 Condon 瓣,如图 1.8(a)所示。天线的曲率越大,Condon 瓣就越大。雷达被很强的交叉极化信号照射时,偏离雷达瞄准轴的 Condon 瓣将被激励而起主要作用,如图 1.8(b)所示。

交叉极化干扰机采用两个正交转发通道生成交叉极化干扰信号,通过激励Condon 瓣实现雷达角度欺骗干扰,如图 1.9 所示。干扰机的两个接收天线分别采用水平极化和垂直极化。水平极化天线的接收信号以垂直极化形式转发,垂直极化天线的接收信号以水平极化形式转发,最终生成的干扰信号将正交极化于接收的雷达信号。当功率很强的交叉极化干扰信号照射雷达时,单脉冲雷达将转动抛物面天线,使其中一个 Condon 瓣对准目标,导致单脉冲雷达产生测角误差。文献[22]指出角误差可达到与雷达波束宽度相当的数量级。

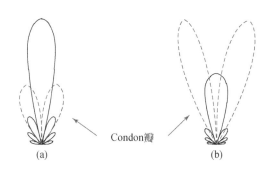

图 1.8　Condon 瓣示意图（虚线部分）

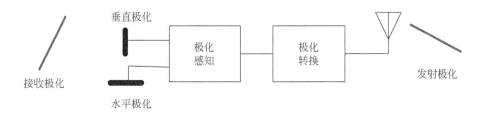

图 1.9　双通道转发交叉极化干扰机结构

　　为使交叉极化干扰有效，要求 JSR 至少大于 20dB，这是因为雷达天线的交叉极化分量通常比主极化分量低两个数量级。另外，交叉极化干扰对干扰信号的极化正交性要求很高，任何偏差都会引起主极化分量，通常要求极化偏差容限为 $\pm 5°$。交叉极化干扰能够干扰抛物面天线，但对平板阵列天线无效，因为平板阵列天线不存在产生 Condon 瓣的前向几何结构[20]。另外，单脉冲雷达采用极化滤波器或极化分集抗干扰[24,77,78]可有效对抗交叉极化干扰。

2. 测角偏差类

1）编队干扰

编队干扰又称为协同干扰，是一种多源非相干干扰。编队干扰是针对单脉冲雷达的分辨单元具有一定宽度而提出的，一般适合飞机突防敌防空区域使用[20,79,80]。对于防空制导雷达，其分辨单元的角度分辨力 W 与雷达波束宽度 B 有关，即 $W = 2r\sin(B/2)$，距离分辨力 D 与雷达脉冲宽度 T_p 有关，即 $D = cT_p/2$，其中 r 为目标到雷达的距离，c 为光速，如图 1.10 所示。当分辨单元内存在两个或多个目标时，单脉冲雷达无法分辨出多个目标，会将该多目标识别为一个目标，进而跟踪它们的能量质心。能量质心位置与各编队中飞机的方位角以及飞机回波强度有关。

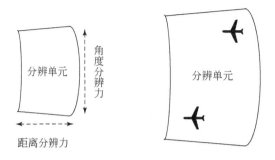

图 1.10   雷达分辨单元与编队干扰

　　为使编队干扰有效,需要保证编队的飞机时刻处在分辨单元内。飞机靠近雷达时,由波束宽度决定的雷达角度分辨力将大大提高;同时面对距离高分辨力的宽带雷达,编队干扰将很难实现,一旦编队飞机超出分辨单元的范围,单脉冲雷达就会分辨出各个飞机目标。若将雷达的距离信息进行压制,则可以在更大距离上实施编队干扰,以降低角度上编队的密集度[20]。

　　2) 地形反弹干扰

　　地形反弹干扰(图 1.11)要求干扰机天线朝向地面发射一个很强的回波模拟信号,经过地面反弹到达单脉冲雷达接收机,当反弹回波比真实回波的功率大很多时,雷达将跟踪反弹回波而丢失目标[19,20,23]。

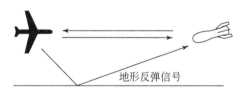

图 1.11   地形反弹干扰

　　地形反弹干扰要求干扰机天线的俯仰面波束窄、方位面波束宽、波束旁瓣低[19,33]。另外,考虑到地面反弹的衰减,干扰信号的功率要远大于真实目标回波。文献[23]指出地形反弹干扰机以较低高度飞行,而且发射噪声信号时的干扰效果最好。地形反弹干扰与地杂波不同,可根据距离信息被识别出来。

　　3) 闪烁干扰

　　闪烁干扰属于两点源非相干干扰,通常是指位于一个雷达分辨单元内的两部干扰机,以接近雷达引导伺服带宽(0.1～10Hz)的速率交替闪烁工作,造成单脉冲雷达交替跟踪其中一部干扰机,并随着距离靠近而剧烈摆动,最终无法跟踪目标[19,20,80,81]，如图 1.12 所示。

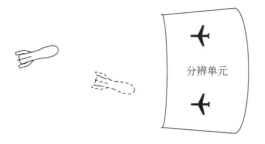

图 1.12　闪烁干扰

根据两部干扰机交替闪烁的方式，又可将其分为同步闪烁干扰、异步闪烁干扰、闪烁拖引干扰三种[82,83]。其中，同步闪烁是指两部干扰机的干扰信号在时域上保持同步，具有相同的幅度调制函数，是闪烁干扰的主要方式，其信号同步方式如图 1.13 所示。异步干扰不需要获取干扰信号之间的同步关系，根据干扰信号的有无，主动式雷达导引头的工作状态将在跟踪其中一部干扰机、正常工作、跟踪能量质心之间转换。闪烁拖引干扰通过控制雷达波束内多部干扰机的开关时序，不断调整干扰机的能量质心，将单脉冲雷达指向拖引到安全区域，一般用于干扰反辐射导弹等被动跟踪系统。

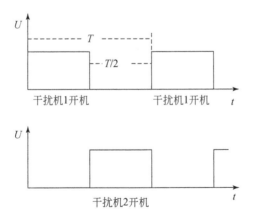

图 1.13　同步闪烁干扰的信号同步方式

同步闪烁干扰的关键参数是两个干扰信号的转换速率[19]。当雷达从一部干扰机转向另一部干扰机时，就会激励角跟踪伺服装置的步进响应。当闪烁的转换频率小于雷达引导伺服带宽时，雷达能够分辨出每部干扰机；当闪烁的转换频率大于雷达引导伺服带宽时,伺服装置将在两干扰信号之间进行平滑,最终天线指向干扰信号的能量质心处;只有当闪烁的转换频率接近雷达引导伺服带宽时,伺服装置才会产生激烈的扰动,最终使雷达失锁。

1.3　交叉眼干扰的研究现状

区别于上述非相干干扰样式,交叉眼干扰属于平台上的相干干扰,即两路或多路干扰信号之间具有固定的相位关系。相干的角度欺骗干扰可以造成单脉冲雷达指向被保护平台所处立体角之外的方向,而非相干的角度欺骗干扰仅能使单脉冲雷达指向立体角之内的能量质心处。交叉眼干扰被认为是干扰单脉冲雷达最有效的干扰样式,具有可靠性高、干扰系统反应时间短、有效干扰时间长、不依赖天气条件、寿命周期成本低,以及能够对抗多导弹威胁等优势。

1.3.1　发展历程

交叉眼干扰的最初概念是受角闪烁物理现象启发而提出的,其通过发射两路或多路幅度近似相等、相位差为180°的干扰信号,可以迫使单脉冲雷达/导引头指向偏离被保护的飞机、舰船等平台本身[7-10,19,20,22,33,84-86]。

角闪烁现象对所有跟踪雷达都会产生影响,当复杂目标上的两个散射点间隔一定距离、相位差为180°时,目标回波的相位波前将会发生扭曲,进而造成跟踪雷达天线指向产生偏差[87]。该现象最早由美国海军实验室(Naval Research Laboratory,NRL)在1947年发现并展开研究。Delano利用简单的统计模型分析了角闪烁可以产生一个位于真实目标之外的视在目标这一现象[36]。Meade通过对比幅单脉冲雷达的斜视波束进行线性拟合,第一次采用确定模型分析了角闪烁现象[88]。Vakin和Shustov[11]、Sherman[41]以及Schleher[19]等采用线性拟合法实现波束的线性拟合,不同的是Sherman和Schleher等对单脉冲雷达的和、差波束进行线性拟合,更适应一般性的单脉冲雷达,其分析过程更加简单明了。Howard从波前扭曲的角度进一步解释了角闪烁现象,当复杂目标上的两个散射点间隔一定距离、相位差为180°时,波前将会发生扭曲[89]。Lindsay采用波前分析的方法解释了角闪烁现象[39]。另外,角闪烁现象也可以用能流的概念进行解释。

角闪烁产生的角噪声对所有跟踪雷达的测角性能都产生影响,受此启发,人们提出了交叉眼干扰[34,35],通过人为模拟最差情况下的角闪烁现象,实现对单脉冲雷达的角度欺骗干扰。因此,传统交叉眼干扰又称为人工角闪烁干扰、波前扭曲干扰。Redmill对传统交叉眼干扰进行了数学建模以及系统设计[38]。受限于当时的硬件条件,人们难以精确控制两个干扰源之间的180°相位差。此后一段时间内,鲜有人继续研究交叉眼干扰。

直到数字射频存储器（digital radio frequency memory，DRFM）的提出，人们才找到了稳定控制相位的方法。Neri 等对交叉眼干扰展开了研究，并在小型直升机上进行了初步试验。随后人们针对交叉眼干扰分别在舰船、直升机、喷气式飞机等不同平台进行试验[90]，并在舰船和直升机等军事平台上成功验证了交叉眼干扰的有效性[42]。Meyer 开展了反向交叉眼干扰研究，提出对抗脉间频率捷变的交叉眼干扰方案[91]。Falk 对交叉眼干扰展开了深入研究，从天线互易的角度分析了交叉眼干扰在复杂环境下的干扰性能[92-94]。进入 21 世纪，交叉眼干扰越来越受重视，人们从交叉眼干扰实现、交叉眼干扰识别与消除等方面进行了深入研究[86,95-97]。部分学者将交叉眼干扰称为相干两点源干扰[98-106]。

du Plessis 等提出了两源反向交叉眼干扰（two-element retrodirective cross-eye jamming，TRCJ），从反向天线结构对单脉冲雷达和通道、差通道回波影响的角度出发，对反向交叉眼干扰进行了严谨的数学推导，指出反向天线结构是使交叉眼干扰克服苛刻参数容限并走向实用化的相对可行的结构方案[107,108]，并分析了反向交叉眼干扰的容限需求[33,109,110]。du Plessis 分析了平台反射回波对交叉眼干扰影响，认为 20dB 的 JSR 对有效的交叉眼干扰是合理却保守的[111]。他推导了使视在假目标限定在被保护平台同一侧时系统参数与 JSR 取值要求[112]；对存在平台反射回波的交叉眼干扰进行了进一步分析，严格推导了总交叉眼增益的累积分布函数，给出了总交叉眼增益的中值和极限值[113]；对两源反向交叉眼干扰的干扰原理和干扰性能进行了分析，这一成果得到了交叉眼干扰领域科研人员的高度认同。

1.3.2　现有装备

由于保密的需要，很少有关于交叉眼干扰系统的公开报道。目前可查阅的交叉眼干扰系统有欧洲的防御支援子系统（defensive aids sub system，DASS）[114-116]、俄罗斯的 L005 Sorbstiya 和 SAP-518 干扰吊舱[117-120]，以及南非的交叉眼干扰验证系统[33,110,121]。

1. 欧洲的 DASS 系统

英国的 BAE 系统公司、西班牙的 Indra 公司、德国的 Airbus Defence Electronics 公司，以及意大利的 Elettronica 和 Selex 公司共同研制了欧洲第 4 代战斗机——台风战斗机，其中 DASS 干扰吊舱为"台风"战斗机提供了对抗地对空、空对空导弹的防御能力[114,116]。DASS 系统由导弹来袭预警（missile approach warner，MAW）、激光警戒接收机（laser warning receiver，LWR）、箔条（chaff）、照明弹/曳光弹(flares)、拖曳式诱饵(TD),以及自卫式 ESM(electronic support measures)/ECM 组成,如图 1.14 所示。

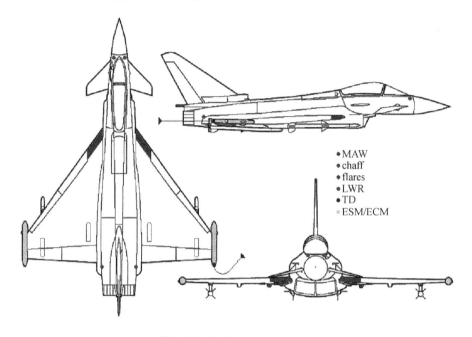

●MAW
●chaff
●flares
●LWR
●TD
●ESM/ECM

图 1.14　装备在欧洲"台风"战斗机上的 DASS 系统

意大利的 Elettronica 公司负责研制 DASS 系统中 ESM/ECM 部分,如图 1.15 所示。DASS 系统有两个安装在战斗机翼尖的 ESM/ECM 干扰吊舱,两个干扰吊舱可以根据实时任务需求,选择单独使用或同时工作[90]:单独使用时,可以提供噪声压制干扰等干扰样式;同时工作时,可以提供包括交叉眼干扰在内的多种干扰样式。DASS 系统中交叉眼干扰在飞机平台上的有效性已被 Elettronica 公司开展的多次试验验证。有趣的是,干扰吊舱同时搭载拖曳式诱饵,据分析这是因为干扰吊舱的天线覆盖前后 120°的角范围,无法为战斗机提供侧向机身的保护,而拖曳式诱饵措施能够提供侧向自卫式干扰,因此将两者组合可以弥补各自存在干扰盲区的缺陷。

Elettronica 公司在设计交叉眼干扰系统时,采用了反向天线结构以补偿由机翼振动导致的波程差引入的相位差;采用了同一收发天线单元来保证干扰机具有相同的收发相位中心;采用固态有源相控阵(solid-state active phased-array, SS-APA)天线以获得更好的幅度相位匹配控制能力和更高的有效辐射功率;采用多量化位数的 DRFM 以精确复制雷达信号和精确控制干扰信号的幅度和相位[90]。该交叉眼干扰系统的天线/收发单元如图 1.16 所示。

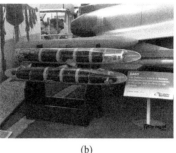

(a)   (b)

图 1.15 "台风"战斗机两侧翼尖的干扰吊舱

(a) 干扰机的收发单元   (b) SS-APA天线组件   (c) 收发模块

图 1.16 Elettronica 公司的交叉眼干扰系统的天线/收发单元

2. 俄罗斯的 L005 Sorbstiya 和 SAP-518 干扰吊舱

俄罗斯的战斗机素来以强大的电子防御能力而著称。Su-27 系列战斗机的翼尖装备了由俄罗斯的 KNIRTI 公司研制的 L005 Sorbstiya 干扰吊舱[117],如图 1.17(a)所示。有报道称该干扰吊舱通过对威胁信号筛选排序并调制转发威胁信号,使得来袭导弹偏离飞行轨迹,其主要用于对抗火控、导弹制导雷达。该干扰吊舱首尾各安装 1 具无源电子扫描阵列(passive electronic scan array,PESA)天线,可精确控制干扰波束指向,在相当大的锥角内维持非常出色的 JSR。然而,出口我国的 Su-27SK 在电子干扰系统做了一定的减配[118]。

更先进的干扰吊舱 SAP-518 挂载在俄罗斯空军的 Su-30MK、Su-32/34 以及出口印度空军的 Su-30MKI 系列战斗机上[119,120],干扰能力覆盖了 2~18GHz 的威胁源,如图 1.17(b)所示。SAP-518 干扰吊舱使用了 DRFM 技术,系统反应时间小于 10ns,可以精确复制敌方雷达信号,每个干扰吊舱互为收发单元[119]。据分析,L005 Sorbstiya 和 SAP-518 干扰吊舱都具备实现交叉眼干扰的能力,由于保密原因无法查到其是否应用了交叉眼干扰措施,但从干扰吊舱的挂载位置(两侧翼尖)

(a) Su-27翼尖的Sorbstiya干扰吊舱　　　　(b) Su-34翼尖的SAP-518干扰吊舱

图 1.17　俄罗斯的 Sorbstiya 和 SAP-518 干扰吊舱

以及使来袭导弹偏离飞行轨迹的干扰效果来看,符合交叉眼干扰机的干扰特征。

3. 南非的交叉眼干扰验证系统

南非搭建的交叉眼干扰验证系统[33,110,121]如图 1.18 所示。人们开展了暗室试验和外场试验,对两源反向交叉眼干扰的干扰有效性进行了试验验证。

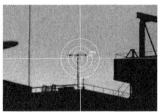

(a) 干扰机的天线单元　　　　(b) 雷达指向干扰机　　　　(c) 雷达偏离干扰机

图 1.18　南非的交叉眼干扰验证系统

du Plessis 等在两块已开发的 DRFM 信号处理板基础上进行固件修改,结合两个宽带脊形喇叭,搭建了简易的交叉眼干扰验证系统,如图 1.18(a)所示。在暗室试验中,通过采用长导线来消除暗室中不明反射物的影响,通过使用单方向增益放大器并分时测量的方法来解决两个方向上高隔离度的问题。从文献[33]、[110]的试验结果来看,交叉眼干扰验证系统有效地验证了 du Plessis 关于两源反向交叉眼干扰的结论。在外场试验中,当单脉冲雷达未进入跟踪模式时,将其瞄准轴对准干扰机天线中心,如图 1.18(b)所示,当转入跟踪模式时,瞄准轴迅速偏离干扰机天线的物理范围,指向其他位置,如图 1.18(c)所示。外场试验结果表明,即使交叉眼干扰验证系统仅仅是一个采用旧 DRFM 信号处理板且临时搭建的简易试验系统,交叉眼干扰依然能够有效干扰单脉冲雷达。

1.3.3　应用限制与发展方向

尽管传统两源交叉眼干扰已发展到 TRCJ,同时交叉眼干扰技术也被应用到现有装备中,包括 DASS 系统、SAP-518 干扰吊舱以及南非交叉眼干扰验证系统等,然而仅有两个收发天线对的传统两源交叉眼干扰机的系统自由度有限,仅能通过调整两路干扰信号之间的幅度比和相位差来优化干扰性能,因此传统两源交叉眼干扰在实际应用中仍然受到限制。制约传统两源交叉眼干扰实用化的限制条件主要为较小的波前扭曲宽度、苛刻的参数容限和较高的 JSR 需求[47,122]。

考虑到 TRCJ 造成的波前扭曲宽度很小(不到 1°),为提高波前扭曲宽度,2007年 Harwood 首次提出了多源交叉眼干扰的概念,通过提高干扰机自由度可以灵活地控制相位波前,但 Harwood 并没有给出多源交叉眼干扰的数学推导,且其分析并不是基于反向天线结构[47]。实际上,Musso 等早在 1997 年就开展了基于天线阵列的角度欺骗干扰研究,他们采用的天线阵列结构也不是反向结构[123]。采用天线阵列以增加干扰机系统自由度的思路为解决上述限制条件提供了途径。从2013 年开始,本书作者从克服 TRCJ 实用化的制约条件出发,在 TRCJ 的基础上,展开了基于反向阵列天线结构的多源反向交叉眼干扰(multiple-element retrodirective cross-eye jamming,MRCJ)研究[124-128]。在此期间,du Plessis 也开展了多源交叉眼干扰的相关研究[129-131]。目前,多源反向交叉眼干扰是交叉眼干扰领域中的最新研究方向[132-135]。

1.4　本书主要内容

本书以弥补传统交叉眼干扰难以实用化的缺陷为出发点,以对单脉冲雷达形成持续稳健的角度欺骗干扰为落脚点,提出了多源阵列反向交叉眼干扰理论,通过数学建模和性能分析得到了一系列原创性成果,为未来多源反向交叉眼干扰系统的装备化提供理论基础。

全书共 7 章,本章阐述了对抗单脉冲雷达的干扰研究现状,尤其是交叉眼干扰研究现状。

第 2 章进一步阐述传统交叉眼干扰的干扰原理以及若干应用问题。为使读者全面了解交叉眼干扰,并且为后续章节研究多源反向交叉眼干扰提供理论基础,本章从波前扭曲的角度解释传统交叉眼干扰的干扰原理;分析交叉眼干扰机的非反向天线结构和反向天线结构的优劣,阐述反向天线结构采用单一收发天线和收发天线对时的优缺点;给出两源反向交叉眼干扰的数学推导及其一般性结论;重点分析两源反向交叉眼干扰的应用限制条件。

考虑到两源反向交叉眼参数容限苛刻与 JSR 要求高,以及 Hardwood 等提出的多源交叉眼干扰不是采用反向天线结构等问题,第 3 章给出基于线性反向阵列的多源反向交叉眼干扰。在干扰比相单脉冲雷达和干扰比幅单脉冲雷达两种干扰场景下,分别推导各自场景下单脉冲雷达的和通道回波、差通道回波和单脉冲比,并分别利用三角函数近似和通道波束泰勒级数展开,推导衡量测角误差大小的交叉眼增益。通过仿真实验验证多源线阵反向交叉眼干扰相比两源反向交叉眼干扰的优势:可以获得更大的交叉眼增益,并造成单脉冲雷达更大的测角误差。

第 4 章重点分析多源线阵反向交叉眼干扰的一个重要性能指标——参数容限。干扰机系统的参数容限本质为获取特定稳定角/角度因子所允许的系统参数的变化范围。本章给出多源线阵反向交眼干扰的系统参数的容限求解方法,分析影响参数容限的系统因素,包括干扰距离、干扰环路基线比以及干扰环路差等。以四阵元的多源线阵反向交叉眼干扰机为例,通过仿真实验对比多源线阵反向交叉眼干扰机与两源反向交叉眼干扰机的容限性能,并从克服干扰距离、干扰环路基线比以及干扰环路差等影响因素的角度出发,提出搭建实际干扰系统的合理建议。

第 5 章重点分析平台反射回波对多源线阵反向交叉眼干扰的影响。首先,对平台反射回波进行回波建模,推导存在平台反射回波时的单脉冲雷达的总通道回波、总单脉冲比以及总交叉眼增益。其次,针对平台反射回波的不确定性导致总交叉眼增益变为随机变量的问题,在假设平台反射回波的相位符合均匀分布的前提下,推导总交叉眼增益的累积分布函数,在此基础上进一步推导总交叉眼增益的中值和极限值,界定总交叉眼增益的取值范围。再次,给出多源线阵反向交叉眼干扰的 JSR 的定义,以及 JSR 与总交叉眼增益的关系式。最后,为了直观地展示平台反射回波对多源线阵反向交叉眼干扰的影响,通过仿真实验讨论 JSR 与总交叉眼增益的关系、分析 JSR 对参数容限的影响等。本章与第 4 章为搭建多源线阵反向交叉眼干扰系统提供重要理论支撑。

当多源线阵反向交叉眼干扰机搭载在存在转动的飞机/舰船等平台上时,会出现单脉冲雷达位于干扰机天线阵列端射方向的情况,此时天线阵列半张角为零致使多源线阵反向交叉眼干扰失效。为解决这一问题,第 6 章提出基于 DOA 信息的调制方向自适应调整的改进型多源圆阵反向交叉眼干扰,并对其测角误差、参数容限等性能进行分析。由仿真实验结果可以看出,采用相等基线长度、均匀角度间隔的改进型多源圆阵反向交叉眼干扰能够提供全方位持续稳健的角度欺骗干扰,可以获得稳健的测角误差和参数容限等干扰性能,进而为实际战斗场景中的运动平台提供有效的自卫式干扰。

第 7 章对全书进行总结,并指出下一步的研究方向。

参 考 文 献

[1] Sherman S M, Barton D K. Monopulse Principles and Techniques[M]. 2nd ed. Norwood: Artech House, 2011.

[2] Leonov A I, Fomichev K I. Monopulse radar[R]. U. S. Air Force, Technology Report, FTDMT-24-982-71, AD742696, 1972.

[3] Waddle F M. Analysis of a monopulse radar[R]. U. S. Army Missile Command, Technology Report, RG-77-6, ADA041379, 1976.

[4] Leonov A I, Fomichev K I. Monopulse Radar[M]. Norwood: Artech House, 1986.

[5] Barton D K. Modern Radar System Analysis[M]. Norwood: Artech House, 1988.

[6] Balanis C A. Antenna Theory: Analysis and Design[M]. 3rd ed. Hoboken: John Wiley & Sons, Inc. , 2005.

[7] Schleher D C. Introduction to Electronic Warfare[M]. Norwood: Artech House, 1986.

[8] Lothes R N, Szymanski M B, Wiley R G. Radar Vulnerability to Jamming[M]. Norwood: Artech House, 1990.

[9] Neri F. Introduction to Electronic Defense Systems[M]. Norwood: Artech House, 1991.

[10] Vakin S A, Shustov L N, Dunwell R H. Fundamentals of Electronic Warfare[M]. Norwood: Artech House, 2001.

[11] Vakin S A, Shustov L N. Principles of jamming and electronic reconnaissance-volume I[R]. U. S. Air Force, Technology Report, FTD-MT-24-115-69, AD692642, 1969.

[12] Li N, Zhang Y. A survey of radar ECM and ECCM[J]. IEEE Transactions on Aerospace and Electronic Systems, 1995, 31(3): 1110-1120.

[13] Cao Y, Fang W, Li L, et al. A quantitive method to assess monopulse radar seeker angle measurement performance in the presence of noise jamming [C]//2011 IEEE CIE International Conference on Radar, Chengdu, 2011, 1854-1858.

[14] Seifer A D. Monopulse radar angular tracking in noise or noise jamming[J]. IEEE Transactions on Aerospace and Electronic Systems, 1992, 28(3): 622-638.

[15] Ewell G W, Alexander N T, Tomberlin E L. Investigation of target tracking errors in monopulse radars[R]. U. S. Army Missile Command, Final Technical Note, AD748428, 1972.

[16] 丁鹭飞, 耿富录, 陈建春. 雷达原理[M]. 北京: 电子工业出版社, 2009.

[17] 赵国庆. 雷达对抗原理[M]. 西安: 西安电子科技大学出版社, 1999.

[18] 张锡祥, 肖开奇, 顾杰. 新体制雷达对抗导论[M]. 北京: 北京理工大学出版社, 2010.

[19] Schleher D C. Electronic Warfare in the Information Age[M]. Norwood: Artech House, 1999.

[20] Adamy D L. EW 101: A first Course in Electronic Warfare[M]. Norwood: Artech House, 2001.

[21] Adamy D L. 电子战原理与应用[M]. 王燕, 朱松译. 北京: 电子工业出版社, 2011.

[22] Neri F. Anti-monopulse jamming techniques[C]//2001 SBMO/IEEE MTT-S International Microwave and Optoelectronics Conference (Volume: 2), Belem, 2001, 45-50.

[23] Yuan S H, Andy G L. Radar terrain bounce jamming detection using ground clutter tracking[P].

U. S. A. ,Patent 5483240. 1996-01-09.

[24] Guili D. Polarization diversity in radars[J]. Proceedings of the IEEE, 1986, 74 (2): 245-269.

[25] Benson M, Ball E C, Kujiraoka E, et al. Adaptive cross polarization electronic countermeasures system[P]. U. S. A. ,Patent 6486823B1. 2002-11-26.

[26] Wang Z, Sinha A, Willett P, et al. Angle estimation for two unresolved targets with monopulse radar[J]. IEEE Transactions on Aerospace and Electronic Systems, 2004, 40(4): 998-1019.

[27] Blair W D, Pearce M B. Monopulse DOA estimation of two unresolved rayleigh targets[J]. IEEE Transactions on Aerospace and Electronic Systems, 2001, 37(2): 452-469.

[28] 郭颖睿,任宏滨,李静. 一种新型拖曳式诱饵技术研究[J]. 弹箭与制导学报,2010,30(4): 76-78.

[29] Kerins W J. Analysis of towed decoys[J]. IEEE Transactions on Aerospace and Electronic Systems,1993,29(4): 1222-1227.

[30] Zhou Y. Correlation parameters simulation for towed radar active decoy[C]//2012 International Conference on Computer Distributed Control and Intelligent Environmental Monitoring, Hunan,2012.

[31] Song Z, Zhu Y, Xiao H, et al. Distinguish the target and the towed decoy based on time-domain waveform design[C]//2011 IEEE CIE International Conference on Radar (Volume: 2),Chengdu,2011.

[32] 白渭雄,唐宏,陶建峰. 拖曳式诱饵对单脉冲雷达的干扰分析[J]. 电子信息对抗技术, 2007,22(6): 39-42.

[33] du Plessis W P. A comprehensive investigation of retrodirective cross-eye jamming[D]. Pretoria: University of Pretoria,2010.

[34] Delano R H. A theory of target glint or angular scintillation in radar tracking[J]. Proceedings of the IRE, 1953, 41(12): 1778-1784.

[35] Dunn J, Howard D, King A. Phenomena of scintillation noise in radar-tracking systems[J]. Proceedings of the IRE, 1959, 47(5): 855-863.

[36] Redmill P E. The principles of artificial glint jamming ("cross eye")[R]. Royal Aircraft Establishment, Technical Note, AD336943, 1963.

[37] Lindsay J E. Angular glint and the moving, rotating, complex radar target[J]. IEEE Transactions on Aerospace and Electronic Systems, 1968, 4(2): 164-173.

[38] Dunn J H, Howard D. Radar target amplitude, angle, and doppler scintillation from analysis of the echo signal propagating in space[J]. IEEE Transactions on Microwave Theory and Techniques, 1968, 16(9): 715-728.

[39] Sherman S M. Complex indicated angles applied to unresolved radar targets and multipath [J]. IEEE Transactions on Aerospace and Electronic Systems, 1971, 7(1): 160-170.

[40] Lewis B L, Howard D D. Security device[P]. U. S. A. , Patent 4006478, 1977-02-01.

[41] Shizume P K. Angular deception countermeasure system[P]. U. S. A. , Patent 4117484, 1978-09-26.

[42] Webber G, Culp J, Robinson M. DRFM requirements demand innovative technology[J]. Microwave Journal, 1986, 29(2): 91-104.

[43] 任德. 数字射频存储器技术[J]. 电子对抗, 1990, 4: 36-45.

[44] Roome S J. Digital radio frequency memory[J]. Electronics & Communication Engineering Journal, 1990, 8: 147-153.

[45] Herskovitz S B. A sample of digital RF memories[J]. Journal of Electronic Defense, 1992, 15(2): 43-47.

[46] Neri F. Experimental testing on cross-eye jamming[C]//AOC Conference, Las Vegas, 2000.

[47] Harwood N M, Dawber W N, Kluckers V A, et al. Multiple- element crosseye[J]. IET Radar Sonar and Navigation, 2007, 1(1): 67-73.

[48] Zhu Y, Wang Z, Gao Q, et al. An effects evaluation method for angle deception jamming [C]//2009 1st International Conference on Information Science and Engineering, ICISE 2009, Nanjing, 2009.

[49] Shi L, Li Y, Ge L, et al. Angle pull-off jamming method based on the two-spot model[J]. Chinese Journal of Radio Science, 2011, 26(2): 238-244.

[50] Brunt L B V. Applied ECM, Vol 1[M]. Dunn Loring: EW Engineering, Inc. , 1978.

[51] Brum R D. Towed decoy system[P]. U. S. A. , Patent 4718320. 1987-01-12.

[52] Liu K, Li D, Xiang J, et al. Modeling and dynamic analysis of a cable towed decoy[C]//56th AIAA/ASCE/AHS/ASC Structures, Structural Dynamics, and Materials Conference, Kissimmee, 2015: 1169.

[53] Benton N B. Fiber optic microwave link applications in towed decoy electronic countermeasure systems[C]//The International Society for Optical Engineering, San Diego, 1995: 85-92.

[54] Leijonhufvud M C, Lindberg A. Dynamic simulation of a towed decoy system[C]//26th Congress of International Council of the Aeronautical Sciences 2008, Anchorage, 2008: 1-9.

[55] 戎建刚. 科索沃局部战争中的 ALE-50 拖曳式诱饵[J]. 航天电子对抗, 2000, 1: 54-56.

[56] 焦逊, 陈永光, 李修和. AN/ALE-55 光纤拖曳式诱饵取得新进展[J]. 航天电子对抗, 2006, 1: 38.

[57] Xiao H, Li Y, Fu Q. Identification and tracking of towed decoy and aircraft using multiple-model improved labeled P- PHD filter[J]. Digital Signal Processing: A Review Journal, 2015, 46: 49-58.

[58] Song Z, Xiao H, Zhu Y, et al. A novel approach to detect the unresolved towed decoy in terminal guidance[J]. Chinese Journal of Electronics, 2012, 21(2): 367-373.

[59] 侯向辉, 刘晓东, 饶志高, 等. 拖曳式诱饵释放时机和释放过程研究[J]. 航天电子对抗, 2010, 26(2): 6-8.

[60] 何传易, 卢再奇. 拖曳式诱饵干扰关键参数分析[J]. 航天电子对抗, 2009, 25(4): 11-14.

[61] 陈乃光. 美国 MALD 小型空中发射诱饵[J]. 现代兵器, 1999, 11: 17-19.

[62] 徐刚,曹泽阳. 美国小型空射诱饵发展综述及启示[J]. 飞航导弹,2017,392(8):26-31.

[63] 黄英. 美欲扩大小型空射诱饵弹国际市场[J]. 太空探索,2011,7:51.

[64] 陈美杉,曾维贵,王磊. 微型空射诱饵发展综述及作战模式浅析[J]. 飞航导弹,2019,411(3):28-33.

[65] Haystead J. MALD-J successfully demonstrates manned aircraft protection capability[J]. The Journal of Electronic Defense,2011,34(10):15.

[66] 张土根. 世界舰船电子战系统手册[M]. 北京:科学出版社,2000.

[67] 石长安,李为民,付强,等. 舷外诱饵及其战术使用方式分析[J]. 飞航导弹,2004,11:59-62.

[68] 许海龙,王隽,张金华. 国外新型舰载诱饵发射系统发展研究[J]. 舰船电子对抗,2013,36(2):28-32.

[69] 于兵,高东华. 舷外诱饵对抗单脉冲雷达体制反舰导弹的研究[J]. 舰船电子工程,2003,2:51-54.

[70] 胡海,孙玉明,隋先辉. 舷外有源诱饵装备发展及作战使用现状[J]. 舰船科学技术,2011,33(2):14-17.

[71] 杜晓宁,张树森,王腾飞. 单脉冲末制导雷达舷外有源雷达诱饵检测研究[J]. 现代电子技术,2015,23:16-19.

[72] 邓杏松. 舰载舷外有源诱饵干扰效果研究与分析[J]. 舰船电子对抗,2011,34(6):42-47.

[73] 邱杰,笪林荣,刘旭东. 舷外有源诱饵降落伞载荷运动仿真[J]. 海军航空工程学院学报,2013,4:341-345.

[74] 张剑锋,杨静,李晓军. 舰载舷外有源雷达诱饵技术研究[J]. 舰船电子对抗,2013,36(1):7-12.

[75] 曹星江,杨沛. 交叉极化对单脉冲雷达角度欺骗干扰仿真分析[J]. 电子科技,2013,26(10):131-132,144.

[76] 代大海,王雪松,李永祯,等. 交叉极化干扰建模及其欺骗效果分析[J]. 航天电子对抗,2004,3:21-25.

[77] Markin E. Method of automatic target angle tracking by sum- and- difference monopulse radar invariant against the polarization jamming[C]//7th European Radar Conference,Paris,2010:499-502.

[78] 李永祯,王伟,汪连栋,等. 交叉极化角欺骗干扰的极化抑制方法研究[J]. 系统工程与电子技术,2007,29(5):716-719.

[79] 王红军,迟忠先. 编队干扰方案协同决策研究[J]. 系统工程理论与实践,2007,27(4):171-176.

[80] Wang J,Zhang D,Geng X. Analysis on influence of synchronous blinking jamming to radar seeker antenna[C]//2008 International Conference on Wireless Communications,Networking and Mobile Computing,Dalian, 2008:2112-2513.

[81] Li P,Geng X,Zhang Y,et al. The analysis on angle noise produced by blinking jamming[C]//2009 International Asia Conference on Informatics in Control, Automation, and

Robotics,CAR 2009,Bangkok, 2009:441-444.

[82] 侯民胜,朱莹,樊晓明. 单脉冲雷达的闪烁干扰技术研究[J]. 现代电子技术,2009,32(15): 1-3.

[83] 陈开贵,薛云. 闪烁干扰浅析[J]. 电子信息对抗技术,2009,24(3): 40-43.

[84] Tucker T W, Vidger B. Cross-eye jamming effectiveness[EB/OL]. https://citeseerx. ist. psu. edu/viewdoc/download? doi=10. 1. 1. 507. 516&rep=rep1&type=pdf[2023-06-22].

[85] Russell J W. Simulation of an electronic countermeasure technique[P]. U. S. A. , Patent 4454513,1984-06-12.

[86] Huggett W K. Method and system of producing phase front distortion[P]. U. S. A. ,Patent 5583504,1996-12-10.

[87] 黄培康,殷红成,许小剑. 雷达目标特性[M]. 北京:电子工业出版社,2005.

[88] Meade J E. Target considerations[J]. Guidance,1955,11: 435-444.

[89] Howard D D. Radar target angular scintillation in tracking and guidance systems based on echo signal phase front distortion[C]//Proceedings of the National Electronics Conference Menasha,1959:15.

[90] Bacchelli A. New technologies and innovative techniques for new-generation ECM systems [R]. Elettronica SpA,2002.

[91] Meyer G J. Using cross-eye techniques to counter radio frequency agile monopulse processing[D]. Dayton: Air University,Air Force Institute of Technology,1997.

[92] Falk L. Cross-eye jamming of monopulse radar[C]//Proceedings of the IEEE Waveform Diversity and Design Conference,Pisa,2007:1-5.

[93] Falk L,Arvidsson C,Berglund S,et al. Simple derivation of crosseye jamming principles [C]//MilTech 2 Conference,Stockholm,2005,2:93-100.

[94] Falk L. Cross-eye jamming and the principle of reciprocity[C]//3rd International AOC Conference,Zürich,2000:1-3.

[95] Martino A D,Rossi V. Method and apparatus for generating angular deception signals[P]. U. S. A. ,Patent 2011/0001652A1. 2011-01-06.

[96] Chandler C A. Cross-eye jamming detection and mitigation[P]. U. S. A. , Patent 7843376B1. 2010-11-30.

[97] Sparrow M J, Cikalo J. Cross-eye technique implementation[P]. U. S. A. , Patent 6885333B2. 2005-04-26.

[98] 吴宝新. 相干两点源抗反辐射导弹的研究[D]. 北京: 北京工业学院,1989.

[99] 江小平,刘雨,郑木生,等. 相干两点源抗反辐射导弹布站仿真与评估[J]. 现代电子技术, 2005,28(21): 25-27.

[100] 陈安娜. 对单脉冲雷达的相干两点源干扰机理研究[J]. 航空兵器,2007,2: 7-11.

[101] 李相平,赵腊,胡磊,等. 相干两点源对反舰导弹导引头的干扰研究[J]. 制导与引信, 2008,29(3): 48-52.

[102] 成继隆,胡东. 引入平台回波的相干两点源干扰技术研究[J]. 信息化研究,2011,37(4)：25-27.

[103] 韩红斌,李相平,赵振波,等. 双点源相干干扰的研究与实现[J]. 国外电子测量技术,2011,9：33-35,43.

[104] 赵锐,王根弟,李锋,等. 两相干点源对干涉仪测向系统干扰效果分析[J]. 航天电子对抗,2012,28(2)：34-36,44.

[105] 杨立明,吕涛,陈宁,等. 相干两点源对比相单脉冲测角的干扰机理分析[J]. 弹箭与制导学报,2012,32(3)：209-212.

[106] 尚志刚,白渭雄,付孝龙,等. 双点源干扰对抗主动寻的导弹有效方法[J]. 现代防御技术,2013,41(2)：102-106.

[107] du Plessis W P, Odendaal J W, Joubert J. Extended analysis of retrodirective cross- eye jamming[J]. IEEE Transactions on Antennas and Propagation,2009,57(9)：2803-2806.

[108] du Plessis W P. Modelling monopulse antenna patterns[C]//2013 Saudi International Electronics, Communications and Photonics Conference, Riyadh,2013：1-5.

[109] du Plessis W P, Odendaal J W, Joubert J. Tolerance analysis of cross-eye jamming systems [J]. IEEE Transactions on Aerospace and Electronic Systems,2011,47(1)：740-745.

[110] du Plessis W P, Odendaal J W, Joubert J. Experimental simulation of retrodirective cross-eye jamming[J]. IEEE Transactions on Aerospace and Electronic Systems,2011,47(1)：734-740.

[111] du Plessis W P. Platform skin return and retrodirective cross- eye jamming[J]. IEEE Transactions on Aerospace and Electronic Systems,2012,48(1)：490-501.

[112] du Plessis W P. Limiting apparent target position in skin- return influenced crosseye jamming[J]. IEEE Transactions on Aerospace and Electronic Systems, 2013, 49(3)：2097-2101.

[113] du Plessis W P. Statistical skin- return results for retrodirective cross- eye jamming[J]. IEEE Transactions on Aerospace and Electronic Systems,2019,55(5)：2581-2591.

[114] Merklinghaus D P. Combat aircraft special：Eurofighter typhoon[J]. Military Technology,2016,40(5)：50-55.

[115] Guy Martin. Defensive aids systems：Electronic armour[J]. Asia-Pacific Defence Reporter (2002),2011,37(3)：18-19,22-23.

[116] Mark Ayton. 4 trials, typhoons, world firsts[J]. Air International,2015,88(3)：40-49.

[117] 陈雷. 苏-27 战斗机的特点[J]. 科学大众,1996,3：39.

[118] 卡洛·库普,钱锟. "侧卫"的天空苏-27 战斗机家族全球装备扫描[J]. 国际展望,2006,19：60-65.

[119] Kret. Missiles are not a problem：The SAP 518 jamming station protects fighter jets from guided missiles[EB/OL]. http://www. kret. com/en/news/3544/[2014-11-09].

[120] Johnson R F. Next- generation jammer pods revealed at MAKS exhibition[J]. Jane's Defence Weekly,2009,46(35)：13.

[121] du Plessis W P. Practical implications of recent cross-eye jamming research[R]. Council for Scientific and Industrial Research, 2012.

[122] Serin M, Onat E, Orduyılmaz A, et al. Amplitude and phase difference tolerance analysis of cross-eye jamming technique[C]//21st Signal Processing and Communications Applications Conference, Haspolat-Nikosia, 2013: 1-4.

[123] Musso C, Curt C. Robustness of a new angular countermeasure[C]//Proceedings of Radar 97, Edinburgh, 1997: 415-419.

[124] Liu T P, Wei X Z, Li L. Multiple-element retrodirective cross-eye jamming against amplitude-comparison monopulse radar[C]//12th International Conference on Signal Processing, Hangzhou, 2014: 2135-2140.

[125] Liu T P, Liao D, Wei X Z, et al. Performance analysis of multiple-element retrodirective cross-eye jamming employing a linear array[J]. IEEE Transactions on Aerospace and Electronic Systems, 2015, 51(3): 1867-1876.

[126] Liu T P, Liu Z, Liao D, et al. Platform skin return and multiple-element linear retrodirective cross-eye jamming[J]. IEEE Transactions on Aerospace and Electronic Systems, 2016, 52(2): 821-835.

[127] Liu T P, Wei X Z. Tolerance analysis of multiple-element linear retrodirective cross-eye jamming system[J]. IEEE Journal of Systems Engineering and Electronics, 2020, 31(3): 460-469.

[128] Liu T P, Wei X Z, Liu Z, et al. Continuous and stable cross-eye jamming via circular retrodirective array[J]. Electronics, 2019, 8(7): 806.

[129] du Plessis W P. Cross-eye gain in multi-loop retrodirective cross-eye jamming[J]. IEEE Transactions on Aerospace and Electronic Systems, 2016, 52(2): 875-882.

[130] du Plessis W P. Path-length effects in multi-loop retrodirective cross-eye jamming[J]. IEEE Antennas and Wireless Propagation Letters, 2016, 15: 626-629.

[131] du Plessis W P. Analysis of path-length effects in multi-loop cross-eye jamming[J]. IEEE Transactions on Aerospace and Electronic Systems, 2017, 53(5): 2266-2276.

[132] Liu S, Dong C, Xu J, et al. Analysis of rotating cross-eye jamming[J]. IEEE Antennas and Wireless Propagation Letters, 2015, 14: 939-942.

[133] Yang D G, Liang B G, Zhao D J. Cross-eye gain distribution of multiple-element retrodirective cross-eye jamming[J]. Journal of Systems Engineering and Electronics, 2018, 29(6): 1170-1179.

[134] 周亮, 刘永才, 孟进, 等. 两源交叉眼与多源线阵交叉眼的干扰性能分析[J]. 电子学报, 2021, 49(12): 2289-2298.

[135] 李郭斌. 对单脉冲雷达的多源圆阵反向交叉眼干扰研究[D]. 西安: 西安电子科技大学, 2022.

第 2 章 两源交叉眼干扰的若干问题

2.1 引 言

第 1 章对交叉眼干扰的发展历程、现有装备和发展方向等研究现状进行了论述,然而对其干扰原理和限制条件等方面并未进行详细的阐述。本章将进一步讨论两源交叉眼干扰的干扰原理和限制条件,为读者建立对两源交叉眼干扰的全面认识,为研究多源反向交叉眼干扰做理论铺垫。

两源交叉眼干扰经历了传统两源交叉眼干扰和两源反向交叉眼干扰两个阶段,两者的区别在于干扰机天线是否采用反向天线结构。相应地,对两源交叉眼干扰的理解经历了对传统两源交叉眼干扰的线性拟合分析[1-3]、波前分析[4,5]、坡印亭矢量分析[6]等近似数学分析和对两源反向交叉眼干扰的精确数学分析两个阶段[7,8]。传统两源交叉眼干扰机的天线结构没有采用反向天线结构,导致干扰信号的反向特性并没有体现在单脉冲雷达的和差通道回波中,因此对传统交叉眼干扰的近似数学分析存在一定的错误。同时,传统两源交叉眼干扰机的干扰性能受环境因素、平台运动/振动影响很大,难以获得良好的试验效果。Bacchelli 经过多次试验证明反向天线结构是实现交叉眼干扰必不可少的条件之一[9],这也是直到2000 年才由 Neri 公开声称交叉眼干扰能有效干扰单脉冲雷达的主要原因[10]。du Plessis 对基于反向天线结构的两源反向交叉眼干扰进行了精确数学分析[7,8,11-13],并指出反向天线结构是使交叉眼干扰克服苛刻参数容限并走向实用化的唯一可行方案。然而,包括传统两源交叉眼干扰和两源反向交叉眼干扰在内的两源交叉眼干扰仅有两个自由度——幅度比和相位差,在实际应用中仍受限于有效角度范围(波前扭曲宽度)小、参数容限苛刻,以及 JSR 要求高等。因此,将两源交叉眼干扰过渡到多源反向交叉眼干扰,通过增加天线阵元提高系统自由度,可以更好地控制干扰天线发射场波束,是克服上述限制条件走向实用化的有效途径。

本章讨论的两源交叉眼干扰的若干内容,主要包括传统两源交叉眼干扰的物理解释及其线性拟合分析、反向天线结构、两源反向交叉眼干扰的一般性结论以及两源交叉眼干扰的应用局限性。本章内容组织如下:2.2 节从波前扭曲的角度解释传统两源交叉眼干扰原理,在线性拟合分析中推导交叉眼干扰的关键性能指标——交叉眼增益;2.3 节在介绍交叉眼干扰机天线结构演变过程的基础上,重点

分析交叉眼干扰机采用反向天线结构的根本原因;2.4 节论述 du Plessis 关于两源
反向交叉眼干扰的数学分析,并给出两源反向交叉眼干扰的一般性结论;2.5 节重
点分析两源反向交叉眼干扰在参数容限和 JSR 等方面的局限性,从而引出多源反
向交叉眼干扰;2.6 节对本章内容进行总结。

2.2　传统两源交叉眼干扰的物理解释及线性拟合分析

角闪烁是指复杂体目标回波中存在相位扰动的自然现象,对各种体制的跟踪
雷达都会产生角噪声。交叉眼干扰被认为是一种人为复现严重角闪烁现象的角度
欺骗干扰技术,可以从干涉现象对其进行物理解释:两路幅度近似相等、相位反相
的干扰信号在空间中进行合成时发生了相消干涉并形成了零陷,在零陷处的相位
波前发生扭曲,进而使到达雷达口径处的波前法线指向发射偏移。交叉眼干扰的
示意图如图 2.1 所示。

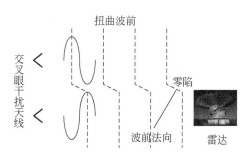

图 2.1　交叉眼干扰的示意图

对传统两源交叉眼干扰的分析手段可以采用波前分析,用相位梯度的方向来
决定雷达指向,计算雷达的测角误差[4]。尽管波前分析可以解释交叉眼干扰,但其
数学推导相对复杂。线性拟合分析是早期对传统两源交叉眼干扰的主要分析手
段[3]。线性拟合分析通过对单脉冲雷达的和通道与差通道①波束进行线性拟合,来
推导在交叉眼干扰作用下的单脉冲雷达视轴的指向,即单脉冲指示角。由单脉冲
测角原理可知[14],目标的角度信息仅存在于差通道回波中,单脉冲雷达通过和通
道回波对差通道回波进行归一化,从归一化的差通道回波提取目标角度信息。差
通道回波与和通道回波之比定义为单脉冲比。线性拟合分析假设单脉冲比与单脉

---

①　单脉冲雷达在角平面内利用四个(至少四个)馈源形成四个交叉或平行波束,并用和差器或比较器
(魔 T)形成和通道与差通道。

冲指示角之间的关系为线性,即

$$\theta_i = k\frac{d}{s} \tag{2.1}$$

式中,θ 为单脉冲指示角;k 为常数;s 和 d 分别为和通道回波与差通道回波。

假设空间中的两个辐射源,其相对雷达视轴的角度分别为 θ_1、θ_2,且两者存在幅度比 a 和相位差 ϕ。不考虑雷达和干扰机天线增益的影响,单脉冲雷达接收两辐射源的和通道回波与差通道回波分别为

$$s = 1 + ae^{j\phi} \tag{2.2}$$

$$d = \frac{\theta_1}{k} + ae^{j\phi}\frac{\theta_2}{k} \tag{2.3}$$

将和、差通道回波代入式(2.1),得到单脉冲指示角为

$$\theta_i = \frac{\theta_1 + ae^{j\phi}\theta_2}{1 + ae^{j\phi}} \tag{2.4}$$

定义雷达视轴到辐射源中点的转角为 θ_r,辐射源相对于雷达的半张角为 θ_e,则有

$$\theta_{1,2} = \theta_r \pm \theta_e \tag{2.5}$$

将其代入式(2.4),化简得到

$$\theta_i = \theta_r + \theta_e\frac{1 - ae^{j\phi}}{1 + ae^{j\phi}} \tag{2.6}$$

取复单脉冲指示角的实部①来确定最终的单脉冲指示角,即

$$\Re(\theta_i) = \theta_r + \theta_e\frac{1 - a^2}{1 + a^2 + 2a\cos(\phi)} \tag{2.7}$$

交叉眼增益为

$$G = \frac{1 - a^2}{1 + a^2 + 2a\cos(\phi)} \tag{2.8}$$

则单脉冲指示角可改写为

$$\Re(\theta_i) = \theta_r + \theta_e G \tag{2.9}$$

在交叉眼干扰的作用下,单脉冲指示角由两部分组成:一部分为指示目标角度的雷达转角 θ_r,一部分为交叉眼干扰引入的角误差 $\theta_e G$。为了获得更大的角误差,干扰机系统应设置更大的交叉眼增益。从交叉眼增益的定义来看,当幅度比 a 趋近于 1、相位差 ϕ 趋近于 180°时,交叉眼增益趋于无穷大,而这正是交叉眼干扰要求两路干扰信号幅度近似相等、相位反相的原因。

线性拟合分析用确定性模型对传统两源交叉眼干扰进行定量分析。然而,传

---

① 取复单脉冲比/指示角的实部或虚部取决于目标角度信息存在于哪一部分。在计算比幅单脉冲雷达或比相单脉冲雷达的指示角时分别取单脉冲比的实部或虚部。

统两源交叉眼干扰没有采用反向天线结构,其实用化受到严重制约,下面将对此进行详细阐述,并指出反向天线结构相对交叉眼干扰的重要性。

2.3 反向天线结构

从干扰原理上讲,交叉眼干扰机发射两路幅度近似相等、相位反相的干扰信号,即可实现对单脉冲雷达的角度欺骗干扰。因此,传统两源交叉眼干扰机采用过无接收天线和单一接收天线的天线结构[7],如图 2.2 所示。

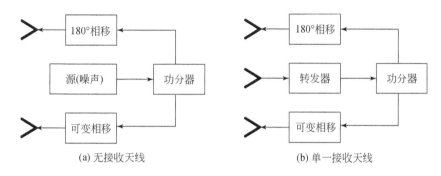

(a) 无接收天线   (b) 单一接收天线

图 2.2 传统两源交叉眼干扰机的天线结构

图 2.2(a)中的无接收天线结构是两源交叉眼干扰机最简单的天线结构。由于不需要接收单脉冲雷达信号,其信号源多为噪声源。信号源经功分器分成两路干扰信号,其中一路干扰信号进行 180°相移,另外一路干扰信号进行可变相移。引入可变相移的目的在于补偿信号传输路径差带来的相位差,从而使干扰机能够对准被干扰的单脉冲雷达。交叉眼干扰有效角范围非常小,当可变相移无法保证干扰机对准被干扰雷达时,不仅交叉眼干扰机没有干扰效果,而且大功率的干扰信号使得干扰机变为信标机,更利于单脉冲雷达跟踪目标。早期交叉眼干扰机也采用过图 2.2(b)中的单一接收天线结构。该结构由于接收并转发雷达信号,其干扰信号较噪声信号更不易被雷达察觉。另外,该结构的干扰机可以通过感知雷达信号的有无来判断单脉冲雷达位置以及跟踪模式的变化。

上述干扰机天线结构均为非反向天线结构,仅利用可变移相器来补偿相位差不能保证两路干扰信号时刻反相,也不能保证交叉眼干扰机时刻对准被干扰雷达。其主要原因有两点:一是相位补偿不精确。为保证到达雷达天线口径面的两路干扰信号具有 180°的相位差,并使干扰机天线对准雷达天线,必须对由发射天线到雷达天线的路径差引入的相位差进行补偿,而该相位差与干扰机天线间距、入射角以及波长有关,可变移相器难以精确补偿该相位差;二是易受温度、湿度、平台震荡以及馈线长度等因素影响。对于装载在飞机机翼两端的交叉眼干扰机,当机翼弯曲、振动时,两路干扰信号之间将产生相位差,另外功分器至发射天线馈线长度的不同也会带来相位差,这些相位差也无法通过可变移相器进行校正。因此,交叉眼干扰机必须采用新的天线结构对上述相位差进行补偿。

反向交叉眼干扰机是指采用反向天线结构的交叉眼干扰机。反向天线阵又称为 van Atta 天线阵,由 van Atta 于 1959 年提出[15]。反向天线阵由一些成对的天线组成,信号沿两个方向传输。反向天线阵有线阵、圆阵以及面阵等多种结构。以线阵为例,其结构如图 2.3 所示,图中 Δ 为由波程差引入的相位差。如图 2.3 中的四阵元反向天线阵,当 1-4 天线对的连接线 l_1 与 2-3 天线对的连接线 l_2 长度相等时,相位超前的接收信号将由相位滞后的发射天线发射出去,而相位滞后的接收信号由相位超前的发射天线发射出去,回波信号将按入射波方向反射回去[16]。不管雷达信号从哪个方向来,反向天线阵会自动校正各天线对之间的相位差,因此反向天线阵又称为自调相天线阵、反射器天线阵。

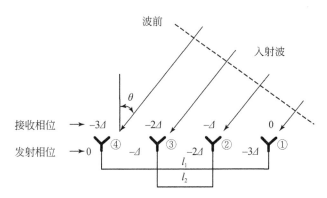

图 2.3　线性反向阵列

利用反向天线阵的自调相特性[7],反向交叉眼干扰机可以不考虑干扰信号传播环路中的相位差,也不需要事先获取雷达位置,保证两路干扰信号幅度近似相等、相位反相即可有效干扰单脉冲雷达。综合考虑上述采用非反向结构的交叉眼干扰机的缺点,交叉眼干扰机采用反向天线阵的根本原因在于:交叉眼干扰对系统参数(幅度比、相位差)的容限要求十分苛刻,而反向天线阵可完美自补偿干扰环路中超出系统参数容限的相位差。

两源反向交叉眼干扰机结构通常有两种(图 2.4):单天线用于收发信号,天线对分别收发信号,各有利弊。对于图 2.4(a)中的收发单天线结构,两路干扰信号通过相同的收发天线、循环器,以及馈线,元器件和馈线引入的功率衰减和相位延迟并不会影响两路干扰信号之间的参数匹配,因此馈线长度可以任意选取,更利于大型舰船、航母等平台放置收发天线。该结构的缺点在于,干扰机对循环器的收发隔离度要求较高,当发射信号功率高于循环器的隔离度时,发射信号将会耦合到接收环路并造成干扰机系统振荡。为克服高隔离度的限制,两源反向交叉眼干扰机可以采用如图 2.4(b)所示的收发天线对的天线结构。这种天线结构的接收天线和发射天线分离,采用提高天线收发隔离度的方法,可以有效解决高隔离度的难题。然而,不同的元器件和不等长的馈线会引入功率衰减和相位延迟,使两路干扰信号的参数匹配变得困难。另外,收发天线对分离的天线结构不满足天线互易原理,易受多径效应的影响。因此,在实际应用中,图 2.4(a)中的收发单天线结构更适合两源反向交叉眼干扰机。

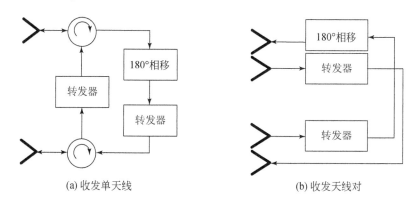

(a) 收发单天线　　　　　　　　　　　　　　(b) 收发天线对

图 2.4　两源反向交叉眼干扰机结构

2.4　两源反向交叉眼干扰的一般性结论

线性拟合分析不适合理解两源反向交叉眼干扰,因为线性拟合分析过程中的波束线性拟合仅在单脉冲雷达视轴附近成立。为此,du Plessis 对两源反向交叉眼干扰进行了严格的数学分析[7,8]。本节通过总结两源反向交叉眼干扰的研究成果,使读者进一步了解两源反向交叉眼干扰的一般性结论。在不考虑平台回波的情况下,两源反向交叉眼干扰的干扰场景如图 2.5 所示。

在干扰场景中,单脉冲雷达为比相单脉冲雷达,交叉眼干扰机采用收发单天线反向天线结构。在方位(或俯仰)角平面内,比相单脉冲雷达天线和干扰机天线的相位中心分别由圆圈和十字叉表示,干扰机搭载平台和视在假目标分别由实心方框和空心方框表示。图 2.5 中的参数定义如下:r 为雷达与干扰机之间的距离,即干扰距离;d_p 为比相单脉冲雷达天线间隔;θ_r 为雷达视轴相对于干扰机中心的转角;θ_c 为干扰机中心相对于雷达的转角;θ_e 为干扰机天线相对于雷达视线的半张

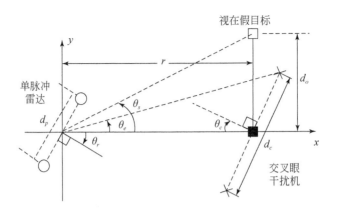

图 2.5　两源反向交叉眼干扰的干扰场景

角；d_c 为干扰机天线的基线长度；d_o 为视在假目标与被保护平台中心的直线距离；θ_s 为单脉冲指示角为零时的雷达视轴指向。

干扰机上下两个收发天线相对雷达的角度分别为 $\theta_r \pm \theta_e$，其中天线半张角 θ_e 可表示为

$$\tan(\theta_e) = \frac{d_c \cos(\theta_c)/2}{r \pm d_c \sin(\theta_c)/2} \tag{2.10}$$

$$\theta_e \approx \frac{d_c \cos(\theta_c)}{2r} \tag{2.11}$$

在干扰机天线方向上，单脉冲雷达和通道、差通道的归一化增益分别为

$$S_{t,b} = \cos\left[\beta \frac{d_p}{2} \sin(\theta_r \pm \theta_e)\right] P_r(\theta_r \pm \theta_e) \tag{2.12}$$

和

$$D_{t,b} = \mathrm{j}\sin\left[\beta \frac{d_p}{2} \sin(\theta_r \pm \theta_e)\right] P_r(\theta_r \pm \theta_e) \tag{2.13}$$

式中，P_r 为雷达天线波束；β 为自由空间相位常数，即 $\beta = 2\pi/\lambda$，λ 为波长。

定义

$$k_s = \beta \frac{d_p}{2} \sin(\theta_r) \cos(\theta_e) \tag{2.14}$$

$$k_c = \beta \frac{d_p}{2} \cos(\theta_r) \sin(\theta_e) \tag{2.15}$$

并根据三角函数加法公式

$$\beta \frac{d_p}{2} \sin(\theta_r \pm \theta_e) = k_s \pm k_c \tag{2.16}$$

和通道与差通道增益可化简为

$$S_{t,b} = \cos(k_s \pm k_c) P_r(\theta_r \pm \theta_e) \tag{2.17}$$

$$D_{t,b} = \mathrm{j}\sin(k_s \pm k_c) P_r(\theta_r \pm \theta_e) \tag{2.18}$$

假设由顶端天线接收底端天线发射的干扰信号相对由底端天线接收顶端天线发射的干扰信号存在幅度比 a 和相位差 ϕ，则单脉冲雷达和通道接收、差通道接收的回波分别为

$$
\begin{aligned}
S_J &= S_b P_c(\theta_c - \theta_e) S_t P_c(\theta_c + \theta_e) + a\mathrm{e}^{\mathrm{j}\phi} S_t P_c(\theta_c + \theta_e) S_b P_c(\theta_c - \theta_e) \\
&= \frac{1}{2} P(1 + a\mathrm{e}^{\mathrm{j}\phi}) [\cos(2k_s) + \cos(2k_c)]
\end{aligned} \tag{2.19}
$$

和

$$
\begin{aligned}
D_J &= \mathrm{j}S_b P_c(\theta_c - \theta_e) D_t P_c(\theta_c + \theta_e) + a\mathrm{e}^{\mathrm{j}\phi} S_t P_c(\theta_c + \theta_e) D_b P_c(\theta_c - \theta_e) \\
&= \mathrm{j}\frac{1}{2} P[(1 + a\mathrm{e}^{\mathrm{j}\phi})\sin(2k_s) + (1 - a\mathrm{e}^{\mathrm{j}\phi})\sin(2k_c)]
\end{aligned} \tag{2.20}
$$

式中，P_c 为干扰机天线波束；$P = P_r(\theta_r - \theta_e) P_c(\theta_c - \theta_e) P_r(\theta_r + \theta_e) P_c(\theta_c + \theta_e)$。

由于两路干扰信号中由共同元器件引入的功率衰减和相位延迟将在单脉冲处理器进行差信号归一化时被约掉，因此上述推导过程不考虑由元器件引入的功率衰减和相位延迟。精确的单脉冲处理器利用和通道回波归一化差通道回波，并取归一化结果的虚部，得到单脉冲比。

$$
\begin{aligned}
M_J &= \Im\left(\frac{D_J}{S_J}\right) \\
&= \Im\left\{\frac{\mathrm{j}[(1 + a\mathrm{e}^{\mathrm{j}\phi})\sin(2k_s) + (1 - a\mathrm{e}^{\mathrm{j}\phi})\sin(2k_c)]}{(1 + a\mathrm{e}^{\mathrm{j}\phi})[\cos(2k_s) + \cos(2k_c)]}\right\} \\
&= \frac{1}{\cos(2k_s) + \cos(2k_c)}\left[\sin(2k_s) + \sin(2k_c)\Re\left(\frac{1 - a\mathrm{e}^{\mathrm{j}\phi}}{1 + a\mathrm{e}^{\mathrm{j}\phi}}\right)\right] \\
&= \frac{1}{\cos(2k_s) + \cos(2k_c)}\left[\sin(2k_s) + \sin(2k_c)\frac{1 - a^2}{1 + a^2 + 2a\cos(\phi)}\right]
\end{aligned} \tag{2.21}
$$

单脉冲比可由下式转化为单脉冲指示角：

$$M_J = \tan\left[\beta\frac{d_p}{2}\sin(\theta_i)\right] \tag{2.22}$$

将交叉眼增益

$$G_C = \frac{1 - a^2}{1 + a^2 + 2a\cos(\phi)} \tag{2.23}$$

代入式 (2.21)，单脉冲比改写为

$$M_J = \frac{\sin(2k_s) + \sin(2k_c)G_C}{\cos(2k_s) + \cos(2k_c)} \tag{2.24}$$

则单脉冲指示角改写为

$$\tan\left[\beta\frac{d_p}{2}\sin(\theta_i)\right] = \frac{\sin(2k_s) + \sin(2k_c)G_C}{\cos(2k_s) + \cos(2k_c)} \tag{2.25}$$

　　由式(2.25)可以看出,受反向天线阵的反向特性影响,在两源反向交叉眼干扰作用下,单脉冲雷达的单脉冲指示角与交叉眼增益、干扰天线半张角的关系蕴涵在三角函数中,而非线性拟合分析所得到的线性关系。因此,线性拟合分析存在线性近似而引入的错误。

　　假设 θ_r 和 θ_e 很小时,式(2.25)可化简为

$$\theta_i \approx \theta_r + \theta_e G_C \tag{2.26}$$

可见,在雷达视轴附近,两源反向交叉眼干扰数学分析得到的单脉冲指示角近似值与线性拟合分析得到的单脉冲指示角相同。在单脉冲指示角表达式中,误差项 $\theta_e G_C$ 迫使单脉冲雷达跟踪平台外的视在假目标,视在假目标的线偏差 d_o 由下式决定:

$$\frac{d_o}{r} \approx \theta_e G_C \tag{2.27}$$

$$d_o \approx \frac{d_c}{2} \cos(\theta_c) G_C \tag{2.28}$$

　　系统参数设定之后,交叉眼干扰引入单脉冲雷达的误差实质为不随干扰距离变化的固定线偏差(d_o)或随干扰距离变化的动态角误差($\theta_e G_C$),而不是固定角误差。固定角误差并不会导致单脉冲雷达制导的导弹丢失目标。

　　通过仿真试验,du Plessis 得到了关于两源反向交叉眼干扰的一般性结论。

　　(1) 高的交叉眼增益可以造成单脉冲雷达大的测角误差。

　　(2) 长的干扰机天线基线可以造成单脉冲雷达大的测角误差。

　　(3) 当系统参数接近理想值时,和通道回波将会降低。

　　(4) 干扰机天线增益不影响测角误差的大小,但会影响干扰信号功率。

　　(5) 反向交叉眼干扰引入的测角误差不会体现在和通道回波中。

　　(6) 在和通道波束内,单脉冲指示角可不为零。

　　上述一般性结论对搭建两源反向交叉眼干扰机实际系统具有指导意义。例如,高的交叉眼增益和长的干扰天线基线会带来大的测角误差,因此在实际系统中,常常要求交叉眼干扰机的系统参数接近理想值(幅度比 a 趋近于1、相位差 ϕ 趋近于180°)以获得高的交叉眼增益,将交叉眼干扰机的天线装置在飞机机翼或舰船船舷的两端以获得长的天线基线。另外,由于和通道回波中不包含测角误差,对于收发采用同一天线波束的测角雷达,反向交叉眼干扰对其不起作用,因此两源反向交叉眼干扰并不是像角闪烁一样可以对所有跟踪雷达都产生影响。更重要的是,在大的交叉眼增益和长的干扰天线基线条件下,单脉冲指示角存在不为零的情况,此时单脉冲雷达无法跟踪到由交叉眼干扰生成的视在假目标,这意味着两源反向交叉眼干扰机造成了单脉冲雷达失锁,该结论推翻了以往关于交叉眼干扰的错误看法:最大角误差不会超过雷达的 3dB 波束宽度。

2.5　两源反向交叉眼干扰的应用局限性

尽管两源反向交叉眼干扰在理论上能够获得较少的干扰性能,但其在实际应用中受到两方面的制约:一是苛刻的参数容限;二是较高的 JSR 要求,其中参数容限又影响了波前扭曲宽度。本节讨论两源反向交叉眼干扰的局限性,为多源反向交叉眼干扰的提出做铺垫。

2.5.1　苛刻的参数容限

交叉眼干扰机的参数容限是指为造成单脉冲雷达特定的测角误差,交叉眼干扰机的系统参数所能容忍的误差范围。du Plessis 对两源反向交叉眼干扰的参数容限进行了分析[11],主要通过求解干扰机系统参数与交叉眼增益、角误差之间的关系得到参数容限。

稳定角是指单脉冲指示角为零时的雷达视轴指向,如图 2.5 中 θ_s 所示。角度因子是指稳定角与交叉眼干扰机天线半张角之比的绝对值,即

$$G_\theta = \left| \frac{\theta_s}{\theta_e} \right| \tag{2.29}$$

稳定角和角度因子都可以用来衡量交叉眼干扰造成的角误差。

对于两源反向交叉眼干扰,单脉冲指示角不总是为零导致稳定角不总是存在。稳定角不存在意味着单脉冲雷达无法稳定跟踪视在假目标,此时单脉冲雷达失锁。当

$$|\sin(2k_c)|G_I \geqslant 1 \tag{2.30}$$

$$G_I \geqslant \frac{1}{\sin(\beta d_p \theta_e)} \tag{2.31}$$

时,稳定角不存在,此时 G_I 为稳定角不存在时最小的交叉眼增益幅度。也就是说,当特定系统参数对应的交叉眼增益大于 G_I 时,稳定角不存在。

当交叉眼增益大于 G_I 时,由式(2.25)推导稳定角存在时系统参数与角度因子之间的关系,则有

$$G_C = \frac{\sin\left[\beta d_p \sin(G_\theta \theta_e)\right]}{\sin(\beta d_p \theta_e)} \tag{2.32}$$

当雷达载频为 9GHz、雷达天线波束宽度为 10°、天线孔径 d_r 为 2.54λ、干扰机天线基线为 10m、干扰机相对雷达转角为 30°、干扰距离为 1km 时,系统参数与角度因子之间的关系可以用等高线来分析,如图 2.6 所示。当幅度比和相位差取值在特定等高线之上时,交叉眼干扰可以得到对应的角度因子;取值在特定等高线之内时,交叉眼干扰可以得到比对应角度因子更大的角度因子。

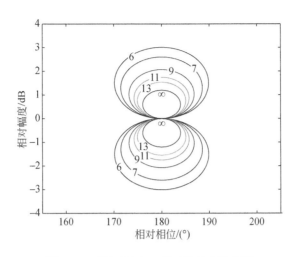

图 2.6　两源反向交叉眼干扰的参数容限

　　从图 2.6 中可以看出,两源反向交叉眼干扰的角度因子等高线关于幅度比 $a=$ 0dB 是对称的。当 $a \leqslant 0$dB 时,为了获得角度因子为 6 以上的角误差,幅度比的容限为 $a=-1.5$dB± 1.5dB,相位差的容限为 $\phi=180°\pm 9.87°$;为了造成单脉冲雷达失锁,即 $G_\theta=\infty$,幅度比的容限为 $a=-0.6$dB± 0.6dB,相位差的容限为 $\phi=180°$ $\pm 3.96°$。角度因子越大,参数容限越苛刻。考虑到主动式雷达导引头的工作频率由 C 波段覆盖到 X 波段,以 X 波段 9GHz 为例,不足 1mm 的路径差就可以引入高达 10.8°的相位差,而该相位差已超过了上述相位差容限。可见,两源反向交叉眼干扰的参数容限仍显得有些苛刻。

　　苛刻的参数容限对应的物理现象是干扰机使相位波前仅能在很小的角度范围内发生扭曲,即波前扭曲宽度小。当两个干扰天线间隔 10m,雷达载频为 9GHz,系统参数分别为 $a=0.85$、$\phi=180°$和 $a=0.95$、$\phi=180°$时,干扰信号在干扰距离为 1km 处合成的相位波前如图 2.7 所示。从图 2.7 中可以看出,两源交叉眼干扰的波前扭曲宽度很小,不到 0.05°。换句话说,两源交叉眼干扰只有在 0.05°的角度扇面内才有效。另外,对比图 2.7(a)和图 2.7(b)可以看出,幅度比越接近 1,干扰机的系统参数越理想,对应的参数容限越苛刻,此时交叉眼增益越大,对单脉冲雷达造成的测角误差越大,反而波前扭曲宽度就越小。小的波前扭曲宽度增加了干扰机天线对准雷达的难度,提高了干扰机成为信标机的可能性。

　　干扰机采用阵列天线通过增加系统自由度,可以有效降低两源反向交叉眼干扰对参数容限的苛刻要求,并增大波前扭曲宽度,这是因为多源反向交叉眼干扰可以以较低的系统参数匹配度来获得更大的交叉眼增益和角度因子,因而降低了参

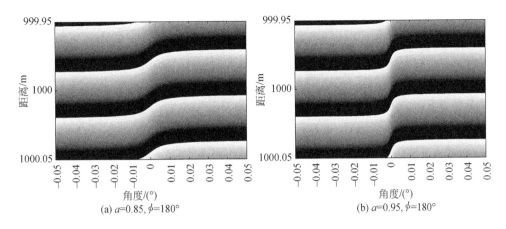

(a) a=0.85, ϕ=180°　　　　　　　　　(b) a=0.95, ϕ=180°

图 2.7　相位波前扭曲

数容限要求并增大了波前扭曲宽度。Hardwood 等利用仿真试验和暗室试验验证了交叉眼干扰机通过增加系统自由度可以增大波前扭曲宽度这一结论[17]。

2.5.2　较高的干信比要求

为更清晰地理解交叉眼干扰的特性,考虑到结合距离波门拖引干扰时雷达波门内只有干扰信号,在对交叉眼干扰进行数学分析时并没有考虑平台反射回波。然而,在实际作战环境中,干扰机没有足够的时间实施距离波门拖引,因此交叉眼干扰机的干扰信号必须与平台反射回波进行对抗。

du Plessis 针对平台反射回波对交叉眼干扰性能的影响进行了分析[13]。通过数学推导可得,考虑平台反射回波后的总交叉眼增益为

$$G_{Ct}=\Re\left(\frac{1-a\mathrm{e}^{\mathrm{j}\phi}}{1+a\mathrm{e}^{\mathrm{j}\phi}+a_s\mathrm{e}^{\mathrm{j}\phi_s}}\right) \tag{2.33}$$

式中,a_s 和 ϕ_s 分别决定了平台反射回波的幅度和相位,即平台目标的 RCS。

定义两源反向交叉眼干扰的 JSR 为两路干扰信号中最大信号功率与平台回波功率之比,其表达式为

$$\mathrm{JSR}=\frac{1}{a_s^2} \tag{2.34}$$

尽管雷达目标的 RCS 可以被精确定标,但是平台反射回波的相位却很难控制和预测,相位 ϕ_s 可以取到 360°内的任何值。因此,总交叉眼增益 G_{Ct} 将不再是单一值而是随相位 ϕ_s 改变的一种分布。考虑到跟踪滤波器趋于跟踪分布的中值,du Plessis 通过分析总交叉眼增益的累积分布函数的中值与 JSR 的关系来分析平台回波对交叉眼干扰的影响。总交叉眼增益的中值为

$$G_{C\Sigma m} = \frac{1-a^2}{1+a^2+2a\cos(\phi)+a_s^2} \tag{2.35}$$

　　根据式(2.34)和式(2.35)对 JSR 与总交叉眼增益中值之间的关系进行仿真，如图 2.8 所示。从图中可以看出，对于两源反向交叉眼干扰，当 JSR 大于 11.14dB 时，其交叉眼增益中值的幅度大于 1。大于 1 的交叉眼增益的物理意义在于此时视在假目标的位置处于被保护平台的物理范围之外。考虑到来袭导弹的杀伤半径，交叉眼增益应取更大的值，对应的 JSR 值将会更高。

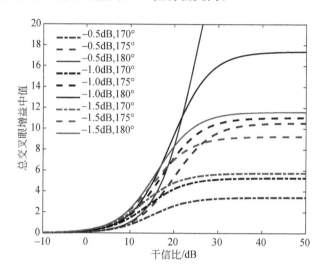

图 2.8　总交叉眼增益中值与 JSR 的关系

　　为了获得稳定的干扰性能，即交叉眼增益中值不受 JSR 的影响，此时要求 JSR 大于 30dB。JSR 大于 30dB 对交叉眼干扰机是有益的，但不现实。为此，可以考虑飞机平台采用隐形技术缩减平台的 RCS 或者干扰机天线采用等效全向辐射功率 (effective isotropic radiated power, EIRP) 高的天线等措施。除此之外，干扰机通过采用阵列天线以增加系统自由度来提高交叉眼增益，可在一定程度上降低 JSR 要求。

2.6　本 章 小 结

　　本章系统地论述了传统两源交叉眼干扰和两源反向交叉眼干扰的若干问题。首先，为使读者更加容易理解交叉眼干扰原理，通过相位波前扭曲的现象对传统两源交叉眼干扰进行了物理解释，通过线性拟合分析对交叉眼干扰的性能做了初步分析；其次，强调了反向天线结构的重要性，并指出反向天线结构是交叉眼干扰实用化唯一途径的原因所在;再次,总结了两源反向交叉眼干扰的研究成果,为分析多源反向交叉眼干扰提供了理论基础;最后,分析了两源交叉眼干扰在波前扭曲宽度、参数容限以及 JSR 要求等方面的局限性,并指出多源反向交叉眼干扰可以通过增加系统自由度有效地解决两源交叉眼干扰的上述问题。通过上述分析,给出了两源交叉眼干扰以下重要结论。

（1）交叉眼干扰要求两路干扰信号幅度近似相等、相位反相的原因在于:当幅度比 a 趋近于 1、相位差 ϕ 趋近于 180°时,交叉眼增益趋于无穷大。

（2）交叉眼干扰引入单脉冲雷达的误差实质为不随干扰距离变化的固定线偏差,而不是固定角误差。

（3）交叉眼干扰机采用反向天线结构的根本原因在于:反向天线结构可自补偿干扰环路中由路径差、平台振动等因素引入的相位差,使干扰机天线自动对准被干扰雷达。

参 考 文 献

[1] Vakin S A,Shustov L N. Principles of jamming and electronic reconnaissance-volume I[R]. U. S. Air Force,Technology Report,FTD-MT-24-115-69,AD692642,1969.

[2] Schleher D C. Electronic Warfare in the Information Age[M]. Norwood:Artech House,1999.

[3] Sherman S M. Complex indicated angles applied to unresolved radar targets and multipath [J]. IEEE Transactions on Aerospace and Electronic Systems,1971,7(1):160-170.

[4] Lindsay J E. Angular glint and the moving, rotating, complex radar target[J]. IEEE Transactions on Aerospace and Electronic Systems,1968,4(2):164-173.

[5] Howard D D. Radar target angular scintillation in tracking and guidance systems based on echo signal phase front distortion[C]//Proceedings of the National Electronics Conference, Menasha, 1959:15.

[6] Dunn J H,Howard D. Radar target amplitude,angle,and Doppler scintillation from analysis of the echo signal propagating in space[J]. IEEE Transactions on Microwave Theory and Techniques,1968,16(9):715-728.

[7] du Plessis W P. A comprehensive investigation of retrodirective cross-eye jamming[D]. Pretoria:University of Pretoria,2010.

[8] du Plessis W P,Odendaal J W,Joubert J. Extended analysis of retrodirective cross-eye jamming[J]. IEEE Transactions on Antennas and Propagation,2009,57(9):2803-2806.

[9] Bacchelli A. New technologies and innovative techniques for new-generation ECM systems [R]. Elettronica SpA,2002.

[10] Neri F. Experimental testing on cross-eye jamming[C]//AOC Conference, Las Vegas, 2000:1-36.

[11] du Plessis W P,Odendaal J W,Joubert J. Tolerance analysis of cross-eye jamming systems [J]. IEEE Transactions on Aerospace and Electronic Systems,2011,47(1):740-745.

[12] du Plessis W P, Odendaal J W, Joubert J. Experimental simulation of retrodirective cross-eye jamming[J]. IEEE Transactions on Aerospace and Electronic Systems, 2011, 47(1): 734-740.

[13] du Plessis W P. Platform skin return and retrodirective cross-eye jamming[J]. IEEE Transactions on Aerospace and Electronic Systems, 2012, 48(1): 490-501.

[14] Sherman S M, Barton D K. Monopulse Principles and Techniques[M]. 2nd ed. Norwood: Artech House, 2011.

[15] van Atta L C. Electromagnetic reflector[P]. U. S. A. , Patent 2908002. 1959-10-06.

[16] Davies D E N. Some properties of van atta arrays and the use of 2-way amplification in the delay paths[J]. Proceedings of IEEE, 1963, 110(3): 507-512.

[17] Harwood N M, Dawber W N, Kluckers V A, et al. Multiple-element crosseye[J]. IET Radar Sonar and Navigation, 2007, 1(1): 67-73.

第3章 多源线阵反向交叉眼干扰的数学模型

3.1 引 言

交叉眼干扰技术是对抗单脉冲雷达最有效的干扰技术,如何将交叉眼干扰机进行实用化具有重要意义。第2章分析了阻碍交叉眼干扰走向实用化的荆棘主要是苛刻的系统参数容限和较高的JSR需求,并指出交叉眼干扰机采用阵列天线结构是克服传统交叉眼干扰应用限制条件的有效途径。基于阵列天线结构的交叉眼干扰通过增加自由度,即增加多个天线对之间的信号幅度比和相位差,可以获得比传统交叉眼干扰更大的交叉眼增益,因而可以以较宽松的容限需求和较低的JSR获得与传统交叉眼干扰相当的干扰性能,相对地降低了干扰机对参数容限和JSR的需求。

作为研究基于阵列天线结构角度欺骗干扰技术的先驱,Musso等最早提出了由一个接收天线和多个发射天线构成的阵列角度欺骗干扰技术[1],通过对发射阵元复权重(包括相位和增益)进行合理赋值优化,可以使单脉冲雷达产生较大的测角误差,进而引导单脉冲雷达指向错误的方向。在 Musso 等的研究基础上,Hardwood 等明确地提出了多源交叉眼干扰[2],通过仿真实验和暗室试验验证了多源交叉眼干扰可以造成更大的波前扭曲宽度,并指出多源交叉眼干扰可以克服传统交叉眼干扰的应用限制,使得交叉眼干扰技术更为有效。然而,Hardwood 并没有给出多源交叉眼干扰严格的数学推导,并且同 Musso 等一样,均没有考虑反向天线结构。反向天线结构是实现交叉眼干扰的唯一有效的系统结构,不采用反向天线结构的交叉眼干扰都无法在实际应用背景下实施有效的角度欺骗干扰。

基于上述研究现状,本章首次提出了多源线阵反向交叉眼干扰(multiple-element linear retrodirective cross-eye jamming,L-MRCJ),并在两源反向交叉眼干扰研究的基础上给出了其严格的数学推导。L-MRCJ 的天线结构采用线性反向天线阵,兼顾了多源交叉眼干扰多自由度和反向天线阵列自调相的优点,在能够对单脉冲雷达造成较大的测角误差的同时具有较强的实际应用性。本章设置了干扰比相单脉冲雷达和干扰比幅单脉冲雷达两种干扰场景,推导了各自干扰场景下单脉冲雷达的单脉冲比和单脉冲指示角,并分别利用三角函数近似和通道波束泰勒级数展开,推导了 L-MRCJ 的交叉眼增益。推导单脉冲比和交叉眼增益是 L-

MRCJ 数学建模的关键所在,同时又是后续章节进行 L-MRCJ 性能分析的理论基础。

　　本章内容组织如下:3.2 节在描述干扰比相单脉冲雷达的干扰场景基础上,推导了单脉冲雷达的单脉冲比和单脉冲指示角,通过合理的三角函数近似推导了交叉眼增益。仿真实验对 L-MRCJ 的干扰性能进行了分析,得到了 L-MRCJ 的一般性结论;3.3 节在描述干扰比幅单脉冲雷达的干扰场景基础上,通过精确数学分析推导了单脉冲比、单脉冲指示角,并通过线性拟合分析推导了交叉眼增益。仿真实验给出了精确数学分析和线性拟合分析的差别;3.4 节对本章内容进行了总结。

3.2　干扰比相单脉冲雷达时的数学模型

3.2.1　干扰场景描述

　　图 3.1 为多源线阵反向交叉眼干扰机对抗比相单脉冲雷达的干扰场景。LMRCJ 系统由 N 个阵元构成,天线阵元 1 与 N 构成一组收发天线对,称为干扰环路 1,天线阵元 2 与 $N-1$ 构成干扰环路 2,以此类推,天线阵元 n 与 $N-n+1$ 构成干扰环路 n,共组成 $N/2$ 个干扰环路。干扰环路 n 的信号流程为:天线阵元 n 接收的雷达信号,经过信号调制,由天线阵元 $N-n+1$ 发出;天线阵元 $N-n+1$ 接收的雷达信号,由天线阵元 n 发出。

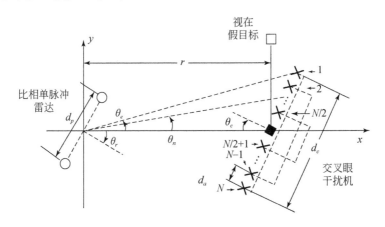

图 3.1　L-MRCJ 对抗比相单脉冲雷达的干扰场景

　　为保证天线阵列的反向结构,每个环路的馈线长度应相等。本章考虑阵元数目为偶数且天线阵元等间隔分布的反向线性阵列天线结构。尽管存在阵元数目为奇数的反向天线阵列,但是单天线无法构成干扰环路,因此本书不予考虑。

图 3.1 场景下的雷达参数与干扰机参数分别定义如下：

r 为雷达天线中心到干扰机中心的距离，即干扰距离；

d_p 为比相单脉冲雷达天线孔径；

θ_r 为雷达视轴相对于干扰机中心的转角，即雷达转角；

θ_c 为干扰机相对于雷达中心的转角，即干扰机转角；

θ_e 为干扰机天线阵列相对于雷达视线的半张角；

θ_n 为干扰环路 n 相对于雷达视线的半张角；

d_c 为干扰机天线阵列基线长度；

d_a 为干扰机天线阵元间隔。

天线阵列相对于雷达视线的半张角 θ_e 由以下几何关系给出：

$$\tan(\theta_e) = \frac{d_c \cos(\theta_c)/2}{r \pm d_c \sin(\theta_c)/2} \tag{3.1}$$

$$\theta_e \approx \frac{d_c \cos(\theta_c)}{2r} \tag{3.2}$$

考虑到交叉眼干扰机处于单脉冲雷达天线的辐射远场，即 $r \gg d_c$，上面的近似是合理的。

干扰机天线阵元间隔为

$$d_a = \frac{d_c}{N-1} \tag{3.3}$$

则干扰环路 n 相对于雷达视线的半张角为

$$\theta_n = \frac{N+1-2n}{N-1}\theta_e \tag{3.4}$$

干扰环路基线比为

$$F_n = \frac{N+1-2n}{N-1} \tag{3.5}$$

其物理含义为干扰环路 n 基线与天线阵列总基线长度之比，因此 $F_n \leqslant 1$。对于两源反向交叉眼干扰，$F_n = 1$。

3.2.2　数学模型

1. 单脉冲比和单脉冲指示角的推导

单脉冲雷达采用和差测角体制，和通道用于发射信号和接收回波并对差通道回波进行归一化，而差通道用于接收回波并产生误差信号。

根据图 3.1 所示的干扰场景，雷达视轴到干扰机天线阵元 n 与 $N-n+1$ 的夹角分别为 $\theta_r \pm \theta_n$，则比相单脉冲雷达和通道与差通道在 $\theta_r \pm \theta_n$ 方向上的归一化增益分别为

$$S_{n,N-n+1}=\cos\left[\beta\frac{d_p}{2}\sin(\theta_r\pm\theta_n)\right]P_r(\theta_r\pm\theta_n) \tag{3.6}$$

$$D_{n,N-n+1}=\mathrm{j}\sin\left[\beta\frac{d_p}{2}\sin(\theta_r\pm\theta_n)\right]P_r(\theta_r\pm\theta_n) \tag{3.7}$$

式中,P_r 为雷达天线波束;$P_r(\theta_r\pm\theta_n)$ 为雷达波束在 $\theta_r\pm\theta_n$ 方向上的增益;β 为自由空间相位常数,$\beta=2\pi/\lambda,\lambda$ 为波长。

根据三角函数加法公式,有

$$\beta\frac{d_p}{2}\sin(\theta_r\pm\theta_n)=\beta\frac{d_p}{2}\sin(\theta_r)\cos(\theta_n)\pm\beta\frac{d_p}{2}\cos(\theta_r)\sin(\theta_n)$$
$$=k_{sn}+k_{cn} \tag{3.8}$$

式中,k_{sn} 与 k_{cn} 分别为

$$k_{sn}=\beta\frac{d_p}{2}\sin(\theta_r)\cos(\theta_n) \tag{3.9}$$

$$k_{cn}=\beta\frac{d_p}{2}\cos(\theta_r)\sin(\theta_n) \tag{3.10}$$

则归一化的和通道增益与差通道增益可分别化简为

$$S_{n,N-n+1}=\cos(k_{sn}\pm k_{cn})P_r(\theta_r\pm\theta_n) \tag{3.11}$$
$$D_{n,N-n+1}=\mathrm{j}\sin(k_{sn}\pm k_{cn})P_r(\theta_r\pm\theta_n) \tag{3.12}$$

假设干扰环路 n 中两个方向信号的幅度比为 a_n,相位差为 ϕ_n,则单脉冲雷达和通道回波和差通道回波分别为

$$S_{Jn}=S_{N-n+1}P_c(\theta_c-\theta_n)S_nP_c(\theta_c+\theta_n)+ae^{\mathrm{j}\phi_n}S_nP_c(\theta_c+\theta_n)S_{N-n+1}P_c(\theta_c-\theta_n) \tag{3.13}$$

$$D_{Jn}=S_{N-n+1}P_c(\theta_c-\theta_n)D_nP_c(\theta_c+\theta_n)+ae^{\mathrm{j}\phi_n}S_nP_c(\theta_c+\theta_n)D_{N-n+1}P_c(\theta_c-\theta_n) \tag{3.14}$$

式中,P_c 为干扰机天线波束,在 $\theta_c\pm\theta_n$ 方向上的波束增益为 $P_c(\theta_c\pm\theta_n)$。

由于干扰机天线阵列的反向特性,干扰环路内部两个信号传输路径中的衰减和相移相同,在推导单脉冲比的过程中将被约掉,因此在上述推导过程中并没有体现传输路径中的衰减和相移。

定义 $A_n=a_ne^{\mathrm{j}\phi_n}$,将式(3.11)和式(3.12)代入式(3.13)和式(3.14)中,分别得到

$$S_{Jn}=P_n(1+A_n)\cos(k_{sn}+k_{cn})\cos(k_{sn}-k_{cn})$$
$$=\frac{1}{2}P_n(1+A_n)\left[\cos(2k_{sn})+\cos(2k_{cn})\right] \tag{3.15}$$

$$D_{Jn}=\mathrm{j}P_n\left[\cos(k_{sn}-k_{cn})\sin(k_{sn}+k_{cn})+A_n\cos(k_{sn}+k_{cn})\sin(k_{sn}-k_{cn})\right]$$
$$=\mathrm{j}\frac{1}{2}P_n\left[(1+A_n)\sin(2k_{sn})+(1-A_n)\sin(2k_{cn})\right] \tag{3.16}$$

式中，$P_n = P_r(\theta_r - \theta_n)P_c(\theta_c - P_n)P_r(\theta_r + \theta_n)P_c(\theta_c + \theta_n)$。

在上述推导过程中，使用如下三角函数变换进行化简：

$$\cos(k_{sn} + k_{cn})\cos(k_{sn} - k_{cn}) = \frac{1}{2}\left[\cos(2k_{sn}) + \cos(2k_{cn})\right] \tag{3.17}$$

$$\cos(k_{sn} \mp k_{cn})\sin(k_{sn} \pm k_{cn}) = \frac{1}{2}\left[\sin(2k_{sn}) \pm \sin(2k_{cn})\right] \tag{3.18}$$

当 $N/2$ 个干扰环路同时工作时，总和通道回波为

$$S_J = \frac{1}{2}\sum_{n=1}^{N/2} P_n C_n (1 + A_n)\left[\cos(2k_{sn}) + \cos(2k_{cn})\right] \tag{3.19}$$

总差通道回波为

$$D_J = j\frac{1}{2}\sum_{n=1}^{N/2} P_n C_n \left[(1 + A_n)\sin(2k_{sn}) + (1 - A_n)\sin(2k_{cn})\right] \tag{3.20}$$

式中，因子 $C_n = c_n e^{j\varphi_n}$ 表示各个环路之间的差异。各个环路之间的差异主要体现在信号传播路径差异、环路基线差异，以及各个环路元器件差异。这些差异会使各个环路信号间存在一定的幅度差 c_n 和相位差 φ_n。干扰环路差的存在将会严重影响交叉眼干扰性能[3]。本章假设干扰环路差被精确测量并补偿掉，即 $C_n = 1$。

精确的单脉冲处理器利用和通道回波对差通道回波进行归一化，推导得到的单脉冲比为

$$M_J = \Im\left(\frac{D_J}{S_J}\right)$$

$$= \Re\left\{\frac{\displaystyle\sum_{n=1}^{N/2} P_n\left[(1 + A_n)\sin(2k_{sn}) + (1 - A_n)\sin(2k_{cn})\right]}{\displaystyle\sum_{n=1}^{N/2} P_n(1 + A_n)\left[\cos(2k_{sn}) + \cos(2k_{cn})\right]}\right\} \tag{3.21}$$

式中，$\Im(\cdot)$ 为取虚部运算；$\Re(\cdot)$ 为取实部运算。

单脉冲指示角 θ_i 可由如下关系式得到：

$$M_J = \tan\left[\beta\frac{d_p}{2}\sin(\theta_i)\right] \tag{3.22}$$

当单脉冲雷达跟踪到目标时，$\theta_i = \theta_r$；当存在交叉眼干扰时，$\theta_i \neq \theta_r$，$\theta_i = 0°$ 时的单脉冲指示角 θ_r 可看作交叉眼干扰引入的角误差。

2. 交叉眼增益的推导

交叉眼增益是衡量测角误差的重要指标。为推导交叉眼增益，需要对式（3.21）的单脉冲比进行化简。引用文献[4]中的三角函数近似：

$$\cos(2k_{c1}) = \cos\left[\beta d_p\cos(\theta_r)\sin(\theta_e)\right] \approx 1 \tag{3.23}$$

由于 $k_{c1} > k_{cn}$，因此当满足 $\theta_e \ll \beta d_p$ 时，$\cos(2k_{c1}) \approx 1$，$2k_{cn}$ 趋近于 0，式（3.23）成立。

考虑到 $\theta_n \leqslant \theta_e$，则有

$$\cos(2k_{sn}) \approx 1 \tag{3.24}$$

$$k_{sn} \approx F_n k_{c1} \tag{3.25}$$

$$\sin(2k_{sn}) \approx F_n \sin(2k_{c1}) \tag{3.26}$$

$$k_{s1} \approx \beta d_p \sin(\theta_r) \tag{3.27}$$

由于交叉眼干扰机处于单脉冲雷达天线的辐射远场，即 $r \gg d_c$，因此干扰环路 n 相对雷达视线的半张角 θ_n 很小，此时干扰机天线和雷达天线增益可表示为

$$P_r(\theta_r \pm \theta_n) \approx P_r(\theta_r) \tag{3.28}$$

$$P_c(\theta_r \pm \theta_n) \approx P_c(\theta_c) \tag{3.29}$$

$$P_n \approx P_r^2(\theta_r) P_c^2(\theta_c) \tag{3.30}$$

将式(3.24)~式(3.27)及式(3.30)代入式(3.21)，单脉冲比可化简为

$$M_J \approx \frac{\sin(2k_{s1})}{\cos(2k_{s1})+1} + \frac{\sin(2k_{c1})}{\cos(2k_{c1})+1} \Re \left[\frac{\sum\limits_{n=1}^{N/2} F_n(1-A_n)}{\sum\limits_{n=1}^{N/2}(1+A_n)} \right]$$

$$= \tan(k_{s1}) + \frac{\sin(2k_{c1})}{\cos(2k_{s1})+1} \Re \left[\frac{\sum\limits_{n=1}^{N/2} F_n(1-A_n)}{\sum\limits_{n=1}^{N/2}(1+A_n)} \right] \tag{3.31}$$

式中

$$\tan(k_{s1}) = \frac{\sin(2k_{s1})}{\cos(2k_{s1})+1} \tag{3.32}$$

定义 L-MRCJ 的交叉眼增益为

$$G_{cn} = \Re \left[\frac{\sum\limits_{n=1}^{N/2} F_n(1-A_n)}{\sum\limits_{n=1}^{N/2}(1+A_n)} \right] \tag{3.33}$$

则单脉冲比可表示为

$$M_J \approx \tan(k_{s1}) + G_{cn} \frac{\sin(2k_{c1})}{\cos(2k_{s1})+1} \tag{3.34}$$

式(3.34)的物理概念是：等号右边第一项为信标，指示目标真实角度；第二项为 L-MRCJ 引入单脉冲雷达的测角误差。测角误差的大小与交叉眼增益 G_{cn} 以及影响 $\sin(2k_{c1})$ 大小的干扰天线半张角 θ_e 有关。θ_e 是由干扰机天线基线长度决定的，基线长度确定后，θ_e 为固定值。因此，测角误差大小的决定因素为交叉眼增益。理论上，当

$$a_1 + a_2 + \cdots + a_n = N/2 \tag{3.35}$$

$$\phi_1 = \phi_2 = \cdots = \phi_n = 180° \tag{3.36}$$

时,交叉眼增益的分母趋于零。此时,L-MRCJ 将引入单脉冲雷达最大测角误差。

通过观察发现,式(3.34)与两源反向交叉眼干扰的单脉冲比形式相同,区别仅仅在于交叉眼增益不同。对于式(3.33),当 $N=2$ 时,交叉眼增益为

$$
\begin{aligned}
G_{C_2} &= \Re\left(\frac{1-A_1}{1+A_1}\right) \\
&= \frac{1-a_1^2}{1+a_1^2+2a_1\cos(\phi_1)}
\end{aligned} \tag{3.37}
$$

与两源反向交叉眼干扰的交叉眼增益相同。因此,两源反向交叉眼干扰被认为是 L-MRCJ 的一个特例,并且两源反向交叉眼干扰的结论都适用于 L-MRCJ。

在推导交叉眼增益的过程中,引入了三角函数近似式(3.24)~式(3.27),而这些近似条件将会影响推导结果的正确性。考虑到 $k_{c1} > k_{c2} > \cdots > k_{cN/2}$,近似 $\cos(2k_{c1}) \approx 1$ 引入最大的误差。该误差可由精确和通道回波与近似和通道回波的差来表示,具体为

$$\Delta S_J = \frac{1}{2}\sum_{n=1}^{N/2}\{P_n(1+A_n)[\cos(2k_{cn})-1]\} \tag{3.38}$$

当 ΔS_J 相对于和通道回波 S_J 仅是一个很小的值时,三角函数近似带来的影响可以忽略。此时

$$
\begin{aligned}
\left|\frac{\Delta S_J}{S_J}\right| &= \left|\frac{\dfrac{1}{2}\sum_{n=1}^{N/2}\{P_n(1+A_n)[\cos(2k_{cn})-1]\}}{\dfrac{1}{2}\sum_{n=1}^{N/2}\{P_n(1+A_n)[\cos(2k_{sn})+1]\}}\right| \\
&\leqslant \left|\frac{[\cos(2k_{c1})-1]\sum\limits_{n=1}^{N/2}P_n(1+A_n)}{[\cos(2k_{s1})+1]\sum\limits_{n=1}^{N/2}P_n(1+A_n)}\right| \\
&= \left|\frac{\cos(2k_{c1})-1}{\cos(2k_{s1})+1}\right| \ll 1
\end{aligned} \tag{3.39}
$$

化简过程中,用到了 $k_{c1} > k_{c2} > \cdots > k_{cN/2}$ 和 $k_{s1} \approx k_{s2} \approx \cdots \approx k_{sN/2}$。

为满足式(3.39),设置如下条件:

(1) $\cos(2k_{c1}) \approx 1$,$\beta d_p \cos(\theta_r)\theta_e$ 趋近于 0。干扰机天线阵列的半张角远小于单脉冲雷达的和通道波束,即 $\theta_e \ll \beta d_p$。

(2) $\cos(2k_{s1}) \neq -1$,$\beta d_p \sin(\theta_r) \neq \pi \pm 2n\pi$。干扰机位于单脉冲雷达视轴方向。

仿真实验时典型干扰场景下的参数 θ_e 和 βd_p 分别为 0.0043、15.96。此时,$\cos(2k_{c1}) = 0.9976$。可见,三角函数近似 $\cos(2k_{c1}) \approx 1$ 在实际干扰场景下中是能

够满足且合理的。

3.2.3 仿真实验与结果分析

阵元数为 N 的 L-MRCJ 存在 N 个自由度,每个干扰环路中的幅度比和相位差可任意取值。不失一般性,本节仅考虑采用四阵元反向线阵的 L-MRCJ。考虑单脉冲雷达制导的导弹攻击飞机或舰船场景,此时场景参数设计如下:雷达频段为 X 波段,频点为 9GHz,天线波束宽度为 $10°$,天线孔径 d_p 为 2.54λ,干扰距离为 1km,干扰机天线阵列长度为 10m,阵列两端的天线布置在机翼或船舷两端,假设干扰机相对雷达转角为 $30°$。

1. 数学推导的正确性

数学推导的正确性取决于推导过程中引入的三角函数近似是否合理。3.2.2 节给出了保证三角函数近似合理的条件,本小节通过对比引入近似前后的和差通道回波以及单脉冲指示角,来说明在典型参数设置下三角函数近似的合理性以及数学推导的正确性。交叉眼干扰机的系统参数设置为:$a_1 = a_2 = -0.5$dB,$\phi_1 = \phi_2 = 175°$。

精确的和通道回波、差通道回波分别由式(3.19)、式(3.20)给出,其中 $N=4$。将式(3.24)~式(3.27)等近似代入式(3.19)、式(3.20)中,得到近似的和通道回波、差通道回波分别为

$$\widetilde{S} = \frac{1}{2} P_n \left[\cos(2k_{s1}) + 1 \right] (2 + a_1 e^{j\phi_1} + a_2 e^{j\phi_2}) \tag{3.40}$$

$$\widetilde{D} = j\frac{1}{2} P_n \left[(2 + a_1 e^{j\phi_1} + a_2 e^{j\phi_2}) \sin(2k_{s1}) + \left(1 - a_1 e^{j\phi_1} + \frac{1 - a_2 e^{j\phi_2}}{3} \right) \sin(2k_{c1}) \right] \tag{3.41}$$

图 3.2 给出了和通道回波、差通道回波的精确值与近似值的对比结果。从图中可以看出,和通道回波、差通道回波的近似值(实线部分)与精确值(虚线部分)基本吻合,仅回波信号在第一波束零处($\theta_r = \pm 11.35°$)存在一点区别,这是由通道回波在第一波束零附近发生符号改变和波束抖动所导致的。重要的是,在单脉冲雷达 3dB 波束宽度($-5° \sim 5°$)内,近似值与精确值十分吻合。

另外,可从单脉冲指示角的变化分析近似的合理性。单脉冲比的精确值和近似值可由式(3.22)、式(3.21)、式(3.34)分别计算得到。图 3.3 对比了单脉冲指示角的近似值和精确值。从图 3.3 中可以看出,除精确值曲线在第一波束零附近会发生垂线和抖动之外,单脉冲指示角近似值与精确值几乎没有差别。

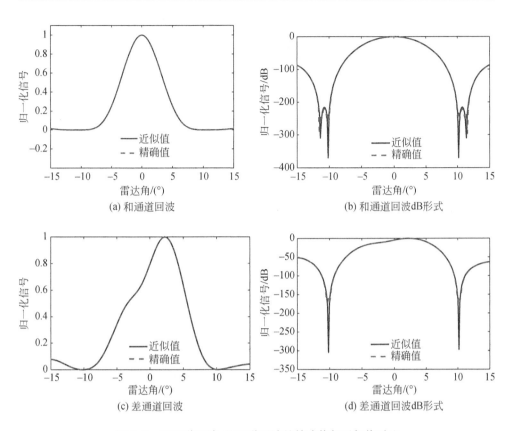

(a) 和通道回波

(b) 和通道回波dB形式

(c) 差通道回波

(d) 差通道回波dB形式

图 3.2　和通道回波、差通道回波的精确值与近似值对比

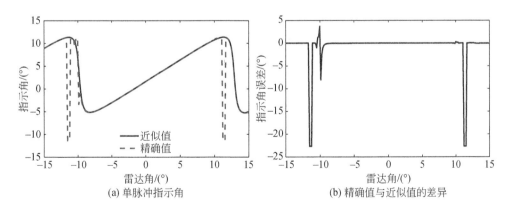

(a) 单脉冲指示角

(b) 精确值与近似值的差异

图 3.3　单脉冲指示角的精确值与近似值对比

从和差通道回波以及单脉冲指示角的变化来看,三角函数近似 $\cos(2k_{c1})\approx 1$ 在单脉冲雷达 3dB 波束宽度内是合理的。

2. 干扰比相单脉冲雷达的一般性结论

两源反向交叉眼干扰被认为是 L-MRCJ 的一种特例,因此关于两源反向交叉眼干扰的一般性结论可以由 L-MRCJ 分析得到。下面通过仿真试验来验证这一结论。

（1）反向交叉眼干扰机可以使单脉冲雷达失锁。

（2）交叉眼增益过高可以造成单脉冲雷达大的测角误差过大。

干扰环路 2 的幅度比与相位差 (a_2,ϕ_2) 取不同值时单脉冲指示角如图 3.4 所示。通过观察发现,当 (a_2,ϕ_2) 分别取 $(0\text{dB},180°)$、$(0.5\text{dB},185°)$ 时,单脉冲指示角在雷达波束宽度内不存在零值。单脉冲指示角不为零意味着单脉冲雷达无法稳定指向某个固定角度,就意味着 L-MRCJ 造成了单脉冲雷达失锁。

图 3.4 中三组参数值分别对应的交叉眼增益值为 8.95、18.36 以及 27.33,其中交叉眼增益值为 18.36 和 27.33 可以造成单脉冲雷达失锁,而交叉眼增益值为 8.95 仅能引入单脉冲雷达约 1.71° 的测角误差。这意味着更高的交叉眼增益可以引入更大的测角误差,直至使单脉冲雷达失锁。

（1）当系统参数接近理想值时,和通道回波幅度将会降低。

（2）反向交叉眼干扰引入的测角误差不会体现在和通道回波中。

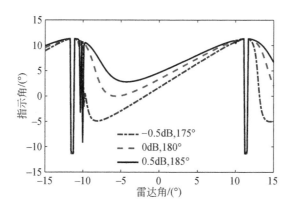

图 3.4　L-MRCJ 下的单脉冲指示角曲线 $(a_1=-0.5\text{dB},\phi_1=175°)$

图 3.5 给出了干扰环路 2 的幅度比与相位差 (a_2,ϕ_2) 取不同值时的和通道回波幅度。从图 3.5 中可以看出,$(-0.5\text{dB},175°)$ 对应的和通道回波幅度比 $(0.5\text{dB},185°)$ 的更大,而 $(0.5\text{dB},185°)$ 比 $(-0.5\text{dB},175°)$ 能获得更大的交叉眼增益,

（0.5dB,185°）比（−0.5dB,175°）更接近理想值。可见,当系统参数接近理想时,和通道回波幅度将会降低。引起该现象的原因是:当系统参数接近理想值时,干扰环路两个方向的回波在雷达天线处会抵消,进而降低和通道回波幅度。

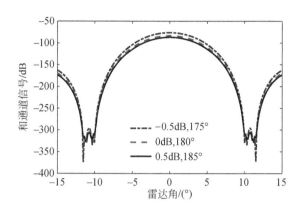

图 3.5 L-MRCJ 下的和通道回波($a_1 = -0.5$dB, $\phi_1 = 175°$)

当(a_2, ϕ_2)取不同值时,和通道回波尖峰的位置不发生改变,这意味着反向交叉眼干扰引入的测角误差不会体现在和通道回波中。因此,反向交叉眼干扰对采用同一天线收发信号的雷达不产生任何作用,如圆锥扫描雷达,而该结论有悖于角闪烁现象对任何体制的测角雷达都产生影响的共识。引起该现象的原因是:L-MRCJ 的反向特性使得两路干扰信号同时都含有彼此的雷达天线波束增益和干扰机天线波束增益,改变系统参数只会改变和通道回波幅度的大小,而角闪烁现象中两个散射点的雷达回波仅有各自的雷达天线波束增益和散射强度。

3. 交叉眼增益分析

交叉眼增益是多源线阵反向交叉眼干扰机的重要性能指标,影响着测角误差的大小。图 3.6 给出了交叉眼增益(G_{c2})与(a_1, ϕ_1)之间的关系曲线,(a_2, ϕ_2)取图中典型值。图 3.6(a)是局部放大图,原因是(1.0dB,185°)对应的交叉眼增益最大值达到 2684,这使得其他曲线太小而无法观察。

由图 3.6 可以看出,交叉眼增益存在正负之分,当 $a_1 + a_2 < 2$ 时,交叉眼增益为正值,反之为负值。这与两源反向交叉眼干扰中 $a_1 > 1$ 时的情况类似。负的交叉眼增益意味着交叉眼干扰机产生的视在假目标位于搭载平台下方,与正交叉眼增益对应的视在目标位置相反。此外,对于特定的系统参数取值,L-MRCJ 对应的交叉眼增益比两源反向交叉眼干扰的交叉眼增益(图中红色曲线)更大。这意味着,通过适当的系统参数赋值,L-MRCJ 可以获得比两源反向交叉眼干扰更大的交

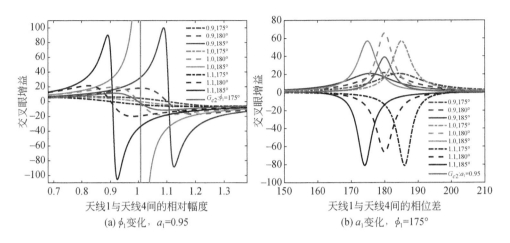

图 3.6　典型值(a_2,ϕ_2)下，交叉眼增益与参数(a_1,ϕ_1)之间的关系曲线

叉眼增益，可以造成单脉冲雷达更大的测角误差。这正是多源交叉眼干扰的特殊优势，更大的系统自由度带来更大的交叉眼增益。

　　L-MRCJ 多自由度的优势不仅体现在获得更大的交叉眼增益，而且体现在降低参数容限和 JSR 需求。L-MRCJ 为获得特定的交叉眼增益，其系统参数可以在更大的范围内取值，这说明 L-MRCJ 放宽了对参数容限的需求。JSR 需求亦是如此。

3.3　干扰比幅单脉冲雷达时的数学模型

3.3.1　干扰场景描述

　　图 3.7 为 L-MRCJ 对抗比幅单脉冲雷达的干扰场景。比幅单脉冲雷达在方位或俯仰角平面内存在两个部分重叠斜视波束，斜视波束相对等信号轴的夹角为 θ_0。其他参数与 3.2.1 节中的参数定义相同。

　　比幅单脉冲雷达与比相单脉冲雷达的区别在于获取误差信号的信号处理方式不同。比幅单脉冲雷达采用两个部分重叠斜视的波束同时接收回波，当目标偏离等信号轴时，两个波束接收的回波幅度有差异，回波相位基本相同[①]。利用和差比较器，将两波束接收的回波进行和、差处理分别得到和、差通道回波。同相相加得

————————————

① 比幅单脉冲雷达为进行精密跟踪，其天线通常采用窄波束，由波程差引入的相位差可忽略不计。

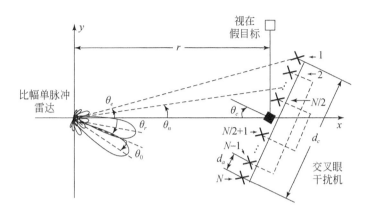

图 3.7　L-MRCJ 对抗比幅单脉冲雷达的干扰场景

到的和通道回波的振幅是两个波束回波幅度之和,与目标偏离等信号轴的方向无关,与目标距离有关。反相相加得到的差通道回波的振幅是两个波束回波幅度之差,其大小决定了目标偏离等信号轴的程度,即角误差大小,其正负决定了目标偏离等信号轴的方向[5,6]。

3.3.2　数学模型

1. 单脉冲比和单脉冲指示角的推导

重叠斜视的波束为 $P(\theta)$,斜视波束相对于等信号轴的斜视角为 θ_0,由和差比较器得到的和通道、差通道波束分别为 $P_\Sigma(\theta)$、$P_\Delta(\theta)$,根据图 3.7 的几何关系,和通道波束增益可表示为

$$P_\Sigma(\theta) = P(\theta-\theta_0) + P(\theta+\theta_0) \tag{3.42}$$

差通道波束增益为

$$P_\Delta(\theta) = P(\theta-\theta_0) - P(\theta+\theta_0) \tag{3.43}$$

比幅单脉冲等信号方向到干扰机天线阵元 n 与 $N-n+1$ 的夹角为 $\theta_r \pm \theta_n$,则比幅单脉冲雷达和通道与差通道在 $\theta_r \pm \theta_n$ 方向上的归一化增益分别为 $P_\Sigma(\theta_r \pm \theta_n)$、$P_\Delta(\theta_r \pm \theta_n)$。

假设干扰环路 n 两个方向的信号之间幅度比为 a_n,相位差为 ϕ_n,考虑交叉眼干扰机的反向特性,比幅单脉冲雷达通过和差处理后,总和通道回波和总差通道回波分别为

$$S_{Jn} = \sum_{n=1}^{N/2} (1+a_n e^{j\phi_n}) P_\Sigma(\theta_r-\theta_n) P_c(\theta_c-\theta_n) P_\Sigma(\theta_r+\theta_n) P_c(\theta_c+\theta_n) \tag{3.44}$$

$$D_{Jn} = \sum_{n=1}^{N/2} P_c(\theta_c - \theta_n) P_\Sigma(\theta_r - \theta_n) P_c(\theta_c + \theta_n) P_\Delta(\theta_r + \theta_n)$$

$$+ \sum_{n=1}^{N/2} a_n \mathrm{e}^{\mathrm{j}\phi_n} P_c(\theta_c + \theta_n) P_\Sigma(\theta_r + \theta_n) P_c(\theta_c - \theta_n) P_\Delta(\theta_r - \theta_n) \tag{3.45}$$

式中，P_c 为干扰机天线波束。本节同样考虑干扰环路差被精确补偿的情况。

考虑到 θ_n 很小，$\theta_n \approx \theta_e$，则有

$$P_c(\theta_c - \theta_n) P_c(\theta_c + \theta_n) \approx P_c(\theta_c - \theta_e) P_c(\theta_c + \theta_e) \tag{3.46}$$

$$P_\Sigma(\theta_r - \theta_n) P_\Sigma(\theta_r + \theta_n) \approx P_\Sigma(\theta_r - \theta_e) P_\Sigma(\theta_r + \theta_e) \tag{3.47}$$

此时，和通道回波与差通道回波分别为

$$S_{Jn} = \sum_{n=1}^{N/2} (1 + a_n \mathrm{e}^{\mathrm{j}\phi_n}) P_\Sigma(\theta_r - \theta_e) P_c(\theta_c - \theta_e) P_\Sigma(\theta_r + \theta_e) P_c(\theta_c + \theta_e) \tag{3.48}$$

$$D_{Jn} = \sum_{n=1}^{N/2} P_c(\theta_c - \theta_e) P_\Sigma(\theta_r - \theta_e) P_c(\theta_c + \theta_e) P_\Delta(\theta_r + \theta_n)$$

$$+ \sum_{n=1}^{N/2} a_n \mathrm{e}^{\mathrm{j}\phi_n} P_c(\theta_c + \theta_e) P_\Sigma(\theta_r + \theta_e) P_c(\theta_c - \theta_e) P_\Delta(\theta_r - \theta_n) \tag{3.49}$$

精确的比幅单脉冲处理器用和通道回波归一化差通道回波，并且取归一化信号实部，得到的单脉冲比为

$$M_J = \Re\left(\frac{D_{Jn}}{S_{Jn}}\right)$$

$$\approx \Re\left\{ \frac{\displaystyle\sum_{n=1}^{N/2} \left[\frac{P_\Delta(\theta_r + \theta_n)}{P_\Sigma(\theta_r + \theta_e)} + a_n \mathrm{e}^{\mathrm{j}\phi_n} \frac{P_\Delta(\theta_r - \theta_n)}{P_\Sigma(\theta_r - \theta_e)} \right]}{\displaystyle\sum_{n=1}^{N/2} (1 + a_n \mathrm{e}^{\mathrm{j}\phi_n})} \right\} \tag{3.50}$$

为得到比幅单脉冲雷达的单脉冲指示角，需定义单脉冲斜率。单脉冲斜率 k 通常由差通道波束的一阶导数与和通道波束的比值给出[5]，即

$$k = \frac{P'_\Delta(0)}{P_\Sigma(0)} \tag{3.51}$$

对于比幅单脉冲雷达，单脉冲指示角与单脉冲比是线性关系，两者之比为单脉冲斜率。因此，单脉冲指示角为

$$\theta_i = M_J \frac{P_\Sigma(0)}{P'_\Delta(0)} \tag{3.52}$$

至此，得到了 L-MRCJ 干扰比幅单脉冲雷达的单脉冲比和单脉冲指示角。

2. 交叉眼增益的推导

为推导隐含在单脉冲比[式(3.50)]中的交叉眼增益，这里在精确数学分析的

基础上进行线性拟合分析,通过对和、差波束进行线性近似,可以得到交叉眼增益的明确表达式。

对差波束 $P_\Delta(\theta_r \pm \theta_n)$ 在 $\theta_r \pm \theta_n = 0$ 处进行泰勒级数展开,忽略高阶项,则有

$$
\begin{aligned}
P_\Delta(\theta_r \pm \theta_n) &\approx P_\Delta(0) + P'_\Delta(0)(\theta_r \pm \theta_n) \\
&= P'_\Delta(0)(\theta_r \pm \theta_n)
\end{aligned}
\tag{3.53}
$$

式中,$P_\Delta(0) = 0$;P'_Δ 为一阶导数。

同样,对和波束进行泰勒级数展开并忽略高阶项,得到

$$
\begin{aligned}
P_\Sigma(\theta_r \pm \theta_n) &\approx P_\Sigma(0) + P'_\Sigma(0)(\theta_r \pm \theta_n) \\
&= P_\Sigma(0)
\end{aligned}
\tag{3.54}
$$

式中,一阶导数 $P'_\Sigma = 0$。

将式(3.53)和式(3.54)代入式(3.50),有

$$
\begin{aligned}
M_J &\approx \frac{P'_\Delta(0)}{P_\Sigma(0)}\theta_r + \frac{P'_\Delta(0)}{P_\Sigma(0)}\Re\left[\frac{\displaystyle\sum_{n=1}^{N/2}\theta_n(1-A_n)}{\displaystyle\sum_{n=1}^{N/2}(1+A_n)}\right] \\
&= \frac{P'_\Delta(0)}{P_\Sigma(0)}\theta_r + \frac{P'_\Delta(0)}{P_\Sigma(0)}\theta_e\Re\left[\frac{\displaystyle\sum_{n=1}^{N/2}F_n(1-A_n)}{\displaystyle\sum_{n=1}^{N/2}(1+A_n)}\right]
\end{aligned}
\tag{3.55}
$$

式中,$\theta_n = F_n\theta_e$,F_n 为干扰环路基线比;$A_n = a_n e^{j\phi_n}$。

干扰比幅单脉冲雷达场景下的交叉眼增益表达式为

$$
G_{cn} = \Re\left[\frac{\displaystyle\sum_{n=1}^{N/2}F_n(1-A_n)}{\displaystyle\sum_{n=1}^{N/2}C_n(1+A_n)}\right]
\tag{3.56}
$$

与干扰比相单脉冲雷达场景下交叉眼增益的表达式相同。

将单脉冲比[式(3.55)]和交叉眼增益[式(3.56)]代入式(3.52),得到单脉冲指示角为

$$
\theta_i = \theta_r + \theta_e G_{cn}
\tag{3.57}
$$

式(3.57)中的单脉冲指示角结果与第 2 章线性拟合分析的单脉冲指示角结果几乎相同,区别仅在于交叉眼增益不同。尽管线性拟合分析能够得到明确的交叉眼增益表达式,但是在雷达主波束宽度内,和、差波束仅在 $\theta_r \pm \theta_n = 0$ 处可以用直线进行拟合。可见,线性拟合分析仅在 $\theta_r \pm \theta_n = 0$ 处得到的结果是正确的。

3.3.3　仿真实验与结果分析

本节同样考虑采用四阵元反向线阵的 L-MRCJ。单脉冲导引头攻击飞机或舰

船场景下的参数设计如下:雷达频段为 X 波段,频点为 9GHz,天线波束宽度为 10°,波束斜视角为 4°,干扰距离为 1km,干扰机天线阵列长度为 10m,阵列两端的天线布置在机翼或船舷两端,干扰机相对雷达的转角为 30°。

图 3.8 给出了 L-MRCJ 干扰比幅单脉冲雷达场景下的单脉冲指示角,其中 a_1 = -0.5dB,ϕ_1 = 175°,a_2 与 ϕ_2 如图例所示。图中的垂线和抖动是由通道波束在第一波束零处发生符号改变和波束抖动所致。

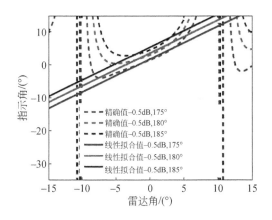

图 3.8　精确分析(虚线)与线性拟合分析(实线)得到的单脉冲指示角

观察精确分析的结果可以发现,图 3.8 所示的单脉冲指示角曲线与图 3.4 中的明显不同,这是因为干扰比幅单脉冲雷达的单脉冲比与干扰比相单脉冲雷达的单脉冲比是不同的。尽管如此,L-MRCJ 干扰比幅单脉冲雷达仍能得到与干扰比相单脉冲雷达相同的结论。在 a_2 = -0.5dB、ϕ_2 = 180°和 a_2 = -0.5dB、ϕ_2 = 185°两种情况下,单脉冲指示角在雷达 3dB 波束宽度内不存在零值。这说明 LMRCJ 同样可以使比幅单脉冲雷达失锁。另外,在 a_2 = -0.5dB、ϕ_2 = 180°和 a_2 = -0.5dB、ϕ_2 = 185°两种情况下,交叉眼增益分别为 14.53 和 21.73,此时 L-MRCJ 已造成单脉冲雷达失锁;a_2 = -0.5dB、ϕ_2 = 175°对应的交叉眼增益为 7.03,此时 L-MRCJ 引入的测角误差仅为 1.47°。可见,更大的交叉眼增益可以导致单脉冲雷达更大的测角误差。

由图 3.8 中线性拟合分析结果可以看出,三组参数设置情况下,总存在使单脉冲指示角等于零的雷达转角。这意味着 L-MRCJ 不会造成比幅单脉冲雷达失锁,而该结论与精确分析的结果不同,说明线性拟合分析存在着由和、差波束线性近似带来的错误。只有在单脉冲雷达视轴(θ_r = 0°)附近,线性拟合分析才能够与精确分析较好地吻合。另外,交叉眼增益越小,线性拟合分析与精确分析越吻合。例如,交叉眼增益为 7.03(a_2 = -0.5dB,ϕ_2 = 175°)时,两者在雷达波束宽度内只存在较小的差别,而交叉眼增益为 $30.42(a_2 = -0.5\text{dB}, \phi_2 = 185°)$ 时,两者在雷达波束宽度内差别较大。

本章进行线性拟合分析的目的仅在于推导干扰比幅单脉冲雷达时的交叉眼增益。实际上,从仿真结果来看,比相单脉冲雷达和比幅单脉冲雷达的区别仅在于雷达波束和获取目标角度信息的信号处理方式不同。L-MRCJ 干扰比幅单脉冲雷达可以得到与干扰比相单脉冲雷达一致的结论。因此,开展多源反向交叉眼干扰的后续研究仅考虑干扰比相单脉冲雷达场景。

3.4　本 章 小 结

考虑到传统交叉眼干扰受苛刻的系统参数容限和较高的 JSR 需求等条件制约,以及反向天线结构是交叉眼干扰机唯一可行的天线结构,本章提出了基于一维线性反向天线阵列的 L-MRCJ,在干扰比相单脉冲雷达和干扰比幅单脉冲雷达两种干扰场景下,分别推导了各自场景下的单脉冲和差通道回波、单脉冲比以及单脉冲指示角,通过三角函数近似和通道波束的泰勒级数展开,分别推导了交叉眼增益。仿真实验采用了四阵元的 L-MRCJ,并对其干扰性能进行了分析。本章为后续章节进行 L-MRCJ 的性能分析提供了理论基础,实验结果证明了两种不同的干扰场景可以获得相同的 L-MRCJ 干扰,因此后续章节将仅考虑干扰比相单脉冲雷达的干扰场景。此处总结本章通过理论分析和仿真实验得到的结论。

(1) L-MRCJ 可以得到两源反向交叉眼干扰提出的一般性结论,因为两源反向交叉眼干扰是 L-MRCJ 的特例。

(2) L-MRCJ 可以造成单脉冲雷达失锁。

(3) 相比两源反向交叉眼干扰,L-MRCJ 可以造成单脉冲雷达更大的测角误差。

(4) 线性拟合分析仅在雷达视轴附近时是正确的。

(5) L-MRCJ 干扰比幅单脉冲雷达与干扰比相单脉冲雷达可以得出一致的结论。

参 考 文 献

[1] Musso C, Curt C. Robustness of a new angular countermeasure[C]//Proceedings of Radar 97, Edinburgh, 1997: 415-419.

[2] Harwood N M, Dawber W N, Kluckers V A, et al. Multiple-element crosseye[J]. IET Radar Sonar and Navigation, 2007, 1(1): 67-73.

[3] du Plessis W P. Analysis of path-length effects in multi-loop cross-eye jamming[J]. IEEE Transactions on Aerospace and Electronic Systems, 2017, 53(5): 2266-2276.

［4］du Plessis W P. Platform skin return and retrodirective cross-eye jamming［J］. IEEE Transactions on Aerospace and Electronic Systems,2012,48(1): 490-501.

［5］Sherman S M,Barton D K. Monopulse Principles and Techniques［M］. 2nd ed. Norwood: Artech House,2011.

［6］丁鹭飞,耿富录,陈建春. 雷达原理［M］. 北京:电子工业出版社,2009.

第4章　多源线阵反向交叉眼干扰的参数容限

4.1　引　言

为获得最大的交叉眼增益以及造成最大的测角误差,交叉眼干扰机通常将干扰环路的幅度比和相位差等系统参数设为理想值。然而在交叉眼干扰的实际应用中,已固化的系统参数值仍然会发生变化。尽管采用反向天线结构可以消除机翼振动、船舷波动等影响,但干扰机设备的长时间搁置不用、各个干扰环路馈线长度不一致、温度变化[1]等因素都会使系统参数尤其是相位差发生变化。当系统参数变化超过一定范围时,干扰机的干扰性能严重下降,甚至有可能使干扰机本身成为完美的信标机。因此,人们将参数容限作为衡量交叉眼干扰机的一个重要性能指标[2-4]。

交叉眼干扰机的参数容限是指为造成单脉冲雷达特定的测角误差,系统参数所允许的误差范围。传统交叉眼干扰的实用化受限于苛刻的参数容限要求。受实际作战环境中各种因素的影响,两源交叉眼干扰机的两路干扰信号在雷达天线处难以保持180°的相位差。Vakin 和 Shustov 指出,为使传统交叉眼干扰有效,需要幅度比满足 $0.9 < a < 1.1$[5]。即使干扰机采用了反向天线结构,两源反向交叉眼干扰的参数容限性能也不尽如人意。du Plessis 等研究了两源反向交叉眼干扰系统的容限性能[3],并指出采用反向天线结构的两源反向交叉眼干扰机的容限需求并没有 Vakin 和 Shustov 认为的那么苛刻。然而,根据第 2 章的局限性分析以及文献[3]的仿真结果得知,为了获得 6 以上的角度因子,两源反向交叉眼干扰的相位差容限为 $\phi = 180° \pm 9.87°$。$\pm 9.87°$ 的相位差容限并不令人感到乐观。当单脉冲雷达频率为 X 波段 9GHz 时,不足 1mm 的路径差就可以引入高达 $10.8°$ 的相位差,该相位差已超过了上述相位差容限。可见,面对复杂应用环境,传统两源交叉眼干扰的参数容限需求仍略显苛刻。

L-MRCJ 正是为解决两源反向交叉眼干扰略显苛刻的参数容限需求而提出的。实际上,3.2.3 节指出利用 L-MRCJ 多自由度的优势可以降低参数容限的需求。虽然 Harwood 等提出了多源交叉眼干扰的概念,但并没有对其容限性能进行定量分析[2]。本章将在文献[3]的基础上对 L-MRCJ 的参数容限进行分析,通过定义稳定角和角度因子,给出 L-MRCJ 参数容限求解方法,并分析干扰距离、干扰环路基线比,以及干扰环路差等因素对容限性能的影响。仿真实验给出了 L-MRCJ 的最优参数容限点的计算方法,并为设计实际交叉眼干扰机系统提出了合理建议。

　　本章内容安排如下:4.2 节定量描述参数容限的本质;4.3 节在两源反向交叉眼干扰的容限分析的基础上,给出 L-MRCJ 的参数容限求解方法;4.4 节分析影响干扰机系统参数容限的因素,包括干扰距离、干扰环路基线比,以及干扰环路差;4.5 节通过仿真试验,验证 L-MRCJ 相比两源反向交叉眼干扰在参数容限上的优势,分析干扰距离、干扰环路基线比,以及干扰环路差等因素对参数容限的影响,并给出设计实际交叉眼干扰机系统的合理建议;4.6 节对本章内容进行总结。

4.2　问 题 描 述

　　交叉眼干扰机造成单脉冲雷达的测角误差由稳定角决定,其定义为单脉冲指示角为零时的雷达视轴指向,也就是交叉眼干扰机产生的视在假目标的方向,如图 4.1 中 θ_s 所示。稳定角的正切值为

$$\tan(\theta_s) = \frac{d_o}{r} \tag{4.1}$$

式中,d_o 为干扰机中心到视在假目标的直线距离,反映了单脉冲雷达/导引头的跟踪指向。图 4.1 中,d_n 为干扰环路 n 的基线长度,其余参数与 3.2 节干扰场景中的参数相同。

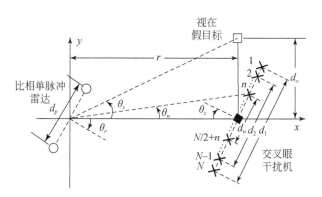

图 4.1　多源线阵反向交叉眼干扰场景

　　角度因子作为表征交叉眼干扰性能的另一个指标,其定义为稳定角与交叉眼干扰机天线阵列的半张角之比的绝对值,即

$$G_\theta = \left| \frac{\theta_s}{\theta_e} \right| \tag{4.2}$$

式中，θ_e 为交叉眼干扰机天线阵列相对于雷达视线的半张角。角度因子的意义在于：当 G_θ 大于 1 时，稳定角将大于交叉眼干扰天线阵列的半张角，而干扰机天线阵列常常布置在机翼或船舷两端，那么视在假目标将会出现在平台之外。实际上，角度因子与交叉眼增益之间既有联系又有区别，两者均可表征测角角度误差的大小，但两者使用场合不同：当分析稳定角与天线阵列半张角的关系时使用角度因子，当分析系统参数与测角误差的关系时使用交叉眼增益。

在确定稳定角或角度因子之后，交叉眼干扰的参数容限分析将转化为：为获取特定的稳定角或角度因子，L-MRCJ 的系统参数所允许的变化范围。

4.3　系统参数的容限求解

L-MRCJ 系统的参数容限求解方法与两源反向交叉眼干扰的求解方法略有不同，区别在于 L-MRCJ 存在多个自由度，求解干扰环路 i 中的参数（a_i，ϕ_i）的容限时，需要将其他干扰环路的参数（a_n，ϕ_n）设为常数（$n \neq i$）。

隔离平台回波条件下，L-MRCJ 的交叉眼增益为

$$G_c = \Re \left[\frac{\displaystyle\sum_{n=1}^{N/2} F_n C_n (1-A_n)}{\displaystyle\sum_{n=1}^{N/2} C_n (1+A_n)} \right] \tag{4.3}$$

式中，$A_n = a_n \mathrm{e}^{\mathrm{j}\phi_n}$ 为系统参数，a_n 与 ϕ_n 分别为干扰环路 n 的幅度比和相位差；C_n 为干扰环路差；F_n 为干扰环路基线比。

单脉冲指示角 θ_i 通过下式求解：

$$\tan\left[\beta \frac{d_p}{2} \sin(\theta_i)\right] = \frac{\sin(2k_{s1}) + G_c \sin(2k_{c1})}{\cos(2k_{s1}) + 1} \tag{4.4}$$

式中

$$k_{s1} = \beta \frac{d_p}{2} \sin(\theta_r) \cos(\theta_1) \tag{4.5}$$

$$k_{c1} = \beta \frac{d_p}{2} \cos(\theta_r) \sin(\theta_1) \tag{4.6}$$

为求解干扰机系统的参数容限，需要确定稳定角或角度因子。第 3 章指出：L-MRCJ 存在单脉冲指示角不为零的情况。根据稳定角的定义，单脉冲指示角不为零意味着稳定角不存在。稳定角不存在的物理含义是：无论单脉冲雷达的天线伺服转向哪里，误差电压都不会为零，此时单脉冲雷达失锁。

当单脉冲指示角在和通道主波束宽度内不为零时，稳定角不存在，则有

$$\sin(2k_{s1}) + G_c \sin(2k_{c1}) \neq 0 \tag{4.7}$$

$$G_c \sin(2k_{c1}) \neq \sin(2k_{s1}) \tag{4.8}$$

和通道波束第一波束零处的雷达转角[3] 为 $\theta_{r0} = \pm \arcsin(\lambda/(2d_p))$，则 $\sin(2k_{s1})$ 与 $\sin(2k_{c1})$ 可表示为

$$|\sin(2k_{s1})| \leqslant 1 \tag{4.9}$$

$$\beta \frac{d_p}{2} \theta_e \sqrt{1 - \left(\frac{\lambda}{2d_p}\right)^2} < \sin(2k_{c1}) < \beta \frac{d_p}{2} \theta_e \tag{4.10}$$

此时，稳定角不存在的条件改写为

$$|\sin(2k_{c1})| G_{SI} \geqslant 1 \tag{4.11}$$

$$G_{SI} \geqslant \frac{1}{\sin(\beta d_p \theta_e)} \tag{4.12}$$

式中，G_{SI} 为满足稳定角不存在条件的最小交叉眼增益幅度。

当单脉冲指示角等于零时，稳定角存在。此时，使式（4.4）等号右边分式的分子为零时的交叉眼增益幅度为

$$G_S = |G_c|$$

$$\approx \frac{\sin[\beta d_p \sin(|\theta_s|)]}{\sin(\beta d_p \theta_e)} \tag{4.13}$$

$$= \frac{\sin[\beta d_p \sin(G_\theta \theta_e)]}{\sin(\beta d_p \theta_e)} \tag{4.14}$$

式（4.13）在化简过程中用到了如下关系式：

$$|\theta_s| = G_\theta \theta_e \tag{4.15}$$

在获得稳定角不存在时的最小交叉眼增益幅度 G_{SI} 和稳定角存在时的交叉眼增益幅度 G_S 之后，计算各自条件下参数 a_i 和 ϕ_i 的闭合解，并获得系统参数 a_i 和 ϕ_i 的容限。

因此，系统参数的容限求解过程可以归纳为：交叉眼干扰机为了造成一定的测角误差，首先给定稳定角 θ_s 或角度因子 G_θ，通过式（4.12）或式（4.14）得到对应的交叉眼增益幅度 G_{SI} 或 G_S，然后根据式（4.3）求出对应的系统参数 a_i、ϕ_i 闭合解，闭合解的变化范围就是系统参数的容限。

4.4　影响系统参数容限的因素

由 4.3 节可知，影响交叉眼增益的因素都会影响到系统参数的容限需求。从交叉眼增益的表达式（4.3）可以看出，影响因素包括干扰环路基线比、干扰环路差。另外，由式（4.14）可以发现，在给定角度因子之后，天线阵列的半张角 θ_e 也会影响交叉眼增益幅度，而 θ_e 与干扰距离有关。因此，影响系统参数容限的因素有干扰距离、干扰环路基线比以及干扰环路差。

4.4.1　干扰距离

干扰距离 r 为雷达天线中心到干扰机中心的距离。Falk 指出,为使交叉眼干扰机有效,交叉眼干扰机天线需在单脉冲雷达天线的远场[6],这是因为单脉冲雷达天线在一定的干扰距离内无法分辨出交叉眼干扰机天线阵列的各个阵元,远场条件可以保证交叉眼干扰机各路信号同时被单脉冲雷达天线接收。因此,交叉眼干扰只有在一定的干扰距离范围内才能保证良好的干扰效果:过小的干扰距离使得干扰机天线不能同时处于雷达天线波束宽度之内而被分辨出来,而过大的干扰距离使得干扰机天线的半张角趋近于零而削弱了干扰效果。

干扰距离与天线阵列基线长度共同决定了天线阵列相对于雷达视线的半张角 θ_e:

$$\theta_e \approx \frac{d_c}{2r}\cos(\theta_c) \tag{4.16}$$

由式(4.16)可以看出,当天线阵列基线长度 d_c、干扰机转角 θ_c 一定时,干扰距离 r 越远,半张角 θ_e 越小。半张角的大小影响了 k_{an} 和 k_{sn},进而影响了测角误差。随着干扰距离的变化,交叉眼干扰机造成单脉冲雷达的测角误差并不是一个固定的误差值,而是随着干扰距离变化的误差值。因此,干扰距离的不同,干扰机系统的参数容限要求也会不同。

4.4.2　干扰环路基线比

干扰环路基线比 F_n 是多源反向交叉眼干扰所特有的,其定义为

$$F_n = \frac{d_n}{d_1} \tag{4.17}$$

由于 $F_n \leqslant 1$,干扰环路基线比又称为衰减因子。

在第 3 章的数学分析中,L-MRCJ 采用的是阵元均匀排列的线性反向天线阵列,则干扰环路 n 的基线长度为

$$d_n = \frac{N+1-2n}{N-1}d_c \tag{4.18}$$

式中,$d_c = d_1$,为干扰机天线阵列的总基线长。因此,第 3 章对 L-MRCJ 进行数学建模时仅采用了一种干扰环路基线比,即

$$F_n = \frac{N+1-2n}{N-1} \tag{4.19}$$

然而,均匀排列的天线阵列结构并不是 L-MRCJ 最佳的天线结构。本章考虑更一般的情况,即在保证各个干扰环路处于同一干扰中心的前提下,干扰环路 n 的基线长度可以在总基线长度之内任意取值,如图 4.1 所示。

对于两源反向交叉眼干扰机,在其他参数不变的前提下,干扰机天线阵列基线越长,交叉眼干扰造成单脉冲雷达的测角误差越大[7],这也是干扰机系统通常将天线布置在机翼或船舷两侧以最大化天线阵列的基线长度的原因之一。对于 L-MRCJ,同样希望所有干扰环路的基线长度做到最大,然而内部干扰环路的基线长度总是小于外部干扰环路的基线长度,进而削弱了内部干扰环路对交叉眼增益的贡献。从理论上可以预计,干扰环路基线比越大,交叉眼增益越大,此时干扰机系统的参数容限越宽松。

4.4.3　干扰环路差

干扰环路差是指不同干扰环路之间的差异所引起的信号幅度和相位差异的总称。干扰环路之间的差异包含干扰路径差异、微波器件差异等。du Plessis 针对干扰环路差对多源反向交叉眼干扰的性能影响进行了分析[8,9],指出未经补偿的干扰环路差会严重影响交叉眼干扰的性能,并有可能使交叉眼干扰机变为信标机。

下面给出 L-MRCJ 的干扰路径差的推导过程。

对于干扰环路 n(图 4.2),雷达到干扰环路中每个天线的距离为

$$r_{jn} = \sqrt{\left[r_n \pm \frac{d_n}{2}\sin(\theta_c) \right]^2 + \left[\pm \frac{d_n}{2}\cos(\theta_c) \right]^2}$$
$$= \sqrt{r_n^2 \pm r_n d_n \sin(\theta_c) + \left(\frac{d_n}{2} \right)^2} \qquad (4.20)$$

式中,正负号分别指代远离或靠近单脉冲雷达的干扰机天线单元。

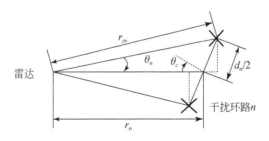

图 4.2　干扰环路 n 的干扰路径

将距离 r_{jn} 在 $d_n = 0$ 处进行泰勒级数展开(见附录 A),舍弃高阶项得到

$$r_{jn} \approx r_n \pm \frac{\sin(\theta_c)}{2}d_n + \frac{\cos^2(\theta_c)}{8r_n}d_n^2 \qquad (4.21)$$

考虑干扰天线的反向特性,不同干扰环路间的馈线长度相同,则干扰环路 n 的总干扰路径长度为

$$r_{tn} \approx 2r_n + \frac{[d_n \cos(\theta_c)]^2}{4r_n} \tag{4.22}$$

因此，干扰环路 n 与干扰环路 m 之间的总干扰路径差为

$$r_\Delta = r_{tn} - r_{tm}$$

$$\approx 2(r_n - r_m) + \frac{[d_n \cos(\theta_c)]^2}{4r_n} - \frac{[d_m \cos(\theta_c)]^2}{4r_m} \tag{4.23}$$

L-MRCJ 的多个干扰环路具有相同的干扰中心，意味着干扰距离 r 相同，此时干扰环路 n 与干扰环路 m 之间的总干扰路径差改写为

$$r_\Delta \approx \frac{[d_n \cos(\theta_c)]^2 - [d_m \cos(\theta_c)]^2}{4r} \tag{4.24}$$

$$= \frac{\cos^2(\theta_c)}{4r}(d_n^2 - d_m^2)$$

由干扰路径差引起的相位差为

$$\Delta\varphi = \beta r_\Delta \tag{4.25}$$

除了干扰路径差，不同干扰环路的微波器件差，如天线增益、转发器性能差异等，同样会造成不同干扰环路的信号幅度和相位差异。微波器件差无法计算得到，必须在系统参数设置前进行精确测量和补偿。

将干扰路径差和微波器件差作为一个整体，用因子 $C_n = c_n e^{j\varphi_n}$ 来表征干扰环路差，其中 c_n 和 φ_n 分别为干扰环路 n 的幅度和相位。该幅度和相位需和系统参数幅度比 a_n 和相位差 ϕ_n 区别开来，幅度比 a_n 和相位差 ϕ_n 专指干扰机系统为获得一定交叉眼增益而调制的系统参数。

以干扰环路 1 为参考，干扰环路 n 相对于干扰环路 1 的幅度差和相位差分别为

$$\Delta c_n = \frac{c_n}{c_1} \tag{4.26}$$

$$\Delta\varphi_n = \varphi_n - \varphi_1 \tag{4.27}$$

其中，相位差 $\Delta\varphi_n$ 对交叉眼干扰机的影响较大，尤其当干扰环路间的相位差接近 $180°$ 时，L-MRCJ 将会变成一个信标机而不再是角度欺骗干扰机。然而，在实际干扰场景中，干扰路径差引入的相位差可以达到并且超过 $180°$，这使得交叉眼干扰机很大概率上可以成为信标机。因此，L-MRCJ 必须对干扰环路差进行精确补偿。

4.5　仿真实验与结果分析

本节设计了四个仿真实验，包括与两源反向交叉眼干扰的容限性能对比、干扰距离对参数容限的影响、干扰环路基线比对参数容限的影响，以及干扰环路差对参数容限的影响。通过上述四个仿真实验，分析 L-MRCJ 相对 TRCJ 在参数容限方

面的优越性,以及分析干扰距离、干扰环路基线比和干扰环路差等因素对 L-MRCJ 系统参数容限性能的影响,并提出设计实际 L-MRCJ 系统的合理建议。

不失一般性,仿真实验考虑最简单的 4 个阵元 2 个干扰环路的情况。典型干扰场景下的参数设置如下:雷达频段为 X 波段,频点为 9GHz,天线波束宽度为 $10°$,天线孔径 d_p 为 2.54λ,干扰机天线阵列长度为 10m,阵列两端的天线布置在机翼或船舷两端。假设干扰机相对雷达转角为 $30°$。

本节采用角度因子的等高线图来分析参数容限。等高线图很好地展示了交叉眼干扰机为获取一定的角度因子所允许 (a_n, ϕ_n) 的取值范围。当系统参数 (a_n, ϕ_n) 位于某一等高线之上时,交叉眼干扰可以获得该等高线对应的角度因子;当系统参数 (a_n, ϕ_n) 位于某一等高线之内时,交叉眼干扰获得角度因子将超过该等高线对应的值。

4.5.1　与两源反向交叉眼干扰对比

L-MRCJ 具有更多的系统参数和自由度,因此可以获得更大的交叉眼增益,以及更宽松的参数容限。假设干扰距离为 1km,干扰环路基线比为 0.8(干扰环路 2 基线为 8m),干扰环路差被精确补偿 $(C_n=1)$。两源反向交叉眼干扰机的基线长度与 L-MRCJ 的总基线长度相同。

两源反向交叉眼干扰的角度因子等高线图如图 4.3 所示。从图 4.3 中可以看出,两源反向交叉眼干扰的角度因子等高线关于幅度比 $a=0dB$ 是对称的,这是因为 $a=x$ 和 $a=1/x$ 所对应的交叉眼增益幅度是相等的。$a=x$ 和 $a=1/x$ 所对应的交叉眼增益符号相反,意味着视在假目标位于搭载平台两个相反的方向上。图 4.3 中存在无穷大的角度因子,此时稳定角不存在,意味着交叉眼干扰机造成了单脉冲雷达无穷大的角误差,即造成了单脉冲雷达失锁。

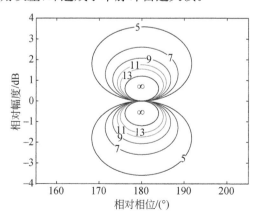

图 4.3　两源反向交叉眼干扰的角度因子等高线图

L-MRCJ 的角度因子等高线图如图 4.4 所示。同样,L-MRCJ 的角度因子等高线存在无穷大值。

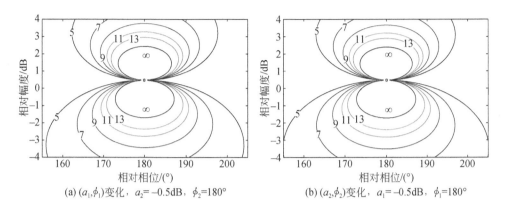

(a) (a_1,ϕ_1) 变化,$a_2=-0.5$dB,$\phi_2=180°$ (b) (a_2,ϕ_2) 变化,$a_1=-0.5$dB,$\phi_1=180°$

图 4.4　L-MRCJ 的角度因子等高线图

对比图 4.3 和图 4.4 可以看出,对于相同的角度因子,在整个系统参数取值范围内,L-MRCJ 的等高线范围明显大于两源反向交叉眼干扰的等高线范围。这意味着 L-MRCJ 允许系统参数在更大的范围内取值,允许系统参数存在更大的匹配误差。因此可得出如下结论:L-MRCJ 的参数容限要求比两源反向交叉眼干扰的容限要求更宽松。本质上,L-MRCJ 的宽松容限优势是由多自由度决定的。

图 4.4 中上下两套等高线的交点并不是 $a_n=0$dB。该交点为使交叉眼增益表达式(4.3)等号右边 $\sum_{n=1}^{N/2} C_n(1+A_n)=0$ 时的 (a_n,ϕ_n) 值。当 $\phi_1=\phi_2=180°$ 时,交点的幅度比满足

$$a_1+a_2=2 \tag{4.28}$$

当 $a_1=0.47$dB 时,$a_2=-0.5$dB,如图 4.4(a)所示。

从图 4.4 中可以看出,$a_1>0.47$dB 和 $a_1<0.47$dB 的上下两套等高线并不是对称的,造成该现象的根源是交叉眼增益分子上的干扰环路基线比降低了内部干扰环路对交叉眼增益幅度的贡献。干扰环路基线比的作用将在 4.5.3 节中详细讨论。

通过观察图 4.3 和图 4.4 可以发现,当改善幅度比时,并不总能得到更高的角度因子,有时反而会得到更低的角度因子。以图 4.4(b)为例,当 $\phi_2=170°$、a_2 从 -1dB 逐步提高时,交叉眼干扰机获得的角度因子却逐步降低。因此,考虑参数设置时,幅度比应该选取一个较大的值,而不是上下两套等高线交点值。这与两源反向交叉眼干扰的结论一致[7]。

为获取一定的角度因子,干扰机系统容忍幅度比和相位差变动最大的参数点为该角度因子对应的等高线中心,称为最优容限参数点。对于多源线阵反向交叉眼干扰机,角度因子等高线中心的相位差为

$$\phi_i = n \times 360° - \phi_1 - \phi_2 - \cdots - \phi_{i-1} - \phi_{i+1} - \cdots - \phi_n \qquad (4.29)$$

假设由式(4.3)、式(4.14)以及式(4.29)计算得到的角度因子对应的幅度比为 a_{spe},上下两套等高线的交点处幅度比为 a_{int},则角度因子等高线中心的幅度比为

$$a_i = \frac{a_{\text{spe}}(\text{dB}) + a_{\text{int}}(\text{dB})}{2} \qquad (4.30)$$

以图4.4(b)为例,干扰环路1的参数为 $a_1 = -0.5\text{dB}$、$\phi_1 = 180°$,则干扰环路2的最优容限相位差为 $\phi_2 = 180°$;角度因子为9时,计算得到 $a_{\text{spe}} = -3.51\text{dB}$,$a_{\text{int}} = 0.47\text{dB}$,则 $a_1 < 0.47\text{dB}$ 时角度因子为9的最优容限幅度比为 $a_2 = -1.51\text{dB}$。因此,当 $a_1 = -0.5\text{dB}$、$\phi_1 = 180°$ 时,为获得角度因子为9的角度误差,系统参数(a_2, ϕ_2)的最优容限参数点为$(-1.51\text{dB}, 180°)$。

计算最优容限参数点的意义在于,当L-MRCJ的参数选取最优容限参数点时,系统相应地获得了最优的容限性能。最优容限参数点是设计实用化L-MRCJ的重要依据。

4.5.2　干扰距离对参数容限的影响

干扰距离并不直接影响交叉眼增益,而是影响天线阵列半张角,进而影响参数容限。假设干扰环路基线比为0.8(干扰环路2基线为8m),干扰环路差被精确补偿($C_n = 1$)。干扰距离为10km时,L-MRCJ的角度因子等高线图如图4.5所示。

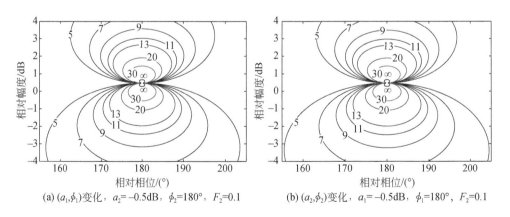

(a) (a_1, ϕ_1)变化,$a_2 = -0.5\text{dB}$,$\phi_2 = 180°$,$F_2 = 0.1$　　(b) (a_2, ϕ_2)变化,$a_1 = -0.5\text{dB}$,$\phi_1 = 180°$,$F_2 = 0.1$

图4.5　干扰距离为10km时的L-MRCJ角度因子等高线图

对比图 4.4 与图 4.5 可以发现,干扰距离为 10km 的无穷大角度因子的等高线要比干扰距离为 1km 的等高线小很多。这是因为,当干扰距离为 10km 时,使稳定角不存在的最小交叉眼增益幅度为 144.7,远远大于干扰距离为 1km 时的幅度 14.5。这意味着交叉眼干扰机距离单脉冲雷达较远时,难以使单脉冲雷达失锁。另外,对于相同的角度因子,干扰距离为 10km 的等高线小于干扰距离为 1km 的等高线。因此,交叉眼干扰机距离单脉冲雷达越远,其参数容限要求越高。

干扰距离对 L-MRCJ 容限性能的影响与对 TRCJ 容限性能的影响是相同的。通过对干扰距离的影响分析可以看出,交叉眼干扰适合于近距离干扰,此时其参数容限较为宽松。

4.5.3　干扰环路基线比对参数容限的影响

4.5.1 节和 4.5.2 节仿真实验使用的干扰环路基线比为 0.8,即干扰环路 2 的基线为 8m。为了考察干扰环路基线比对参数容限的影响,本小节使用 $F_2=0.1$ 和 $F_2=0.8$ 两种干扰环路基线比。假设干扰距离为 1km,干扰环路差被精确补偿 ($C_n=1$)。不同干扰环路基线比的情况下,L-MRCJ 的角度因子等高线图如图 4.6 所示。

将图 4.6(a) 与图 4.6(c) 进行对比,将图 4.6(b) 与图 4.6(d) 进行对比,通过对比不同干扰环路基线比的结果可以看出,干扰环路基线比为 0.8 的角度因子等高线明显大于干扰环路基线比为 0.1 的角度因子等高线。换句话说,干扰环路比为 0.8 的交叉眼干扰参数容限要比干扰环路比为 0.1 的参数容限宽松得多。为凸显干扰环路基线比的作用,本小节考虑干扰环路基线比的两种极端情况,即 $F_2=0$ 和 $F_2=1$。实际中,这两种情况并不存在,因为两个天线不可能重合在一起。极端干扰环路基线比下的角度因子等高线图如图 4.7 所示。

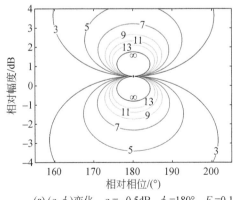

(a) (a_1,ϕ_1)变化, $a_2=-0.5\text{dB}$, $\phi_2=180°$, $F_2=0.1$

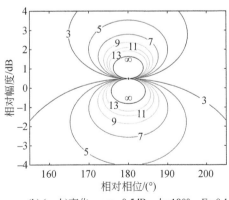

(b) (a_2,ϕ_2)变化, $a_1=-0.5\text{dB}$, $\phi_1=180°$, $F_2=0.1$

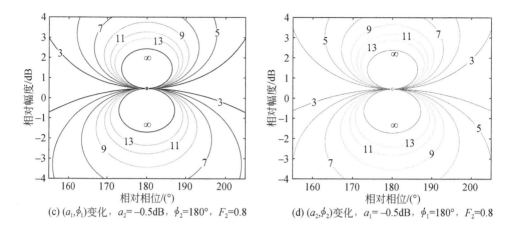

(c) (a_1,ϕ_1)变化，$a_2=-0.5\mathrm{dB}$，$\phi_2=180°$，$F_2=0.8$　　　　(d) (a_2,ϕ_2)变化，$a_1=-0.5\mathrm{dB}$，$\phi_1=180°$，$F_2=0.8$

图 4.6　不同干扰环路基线比下的角度因子等高线图

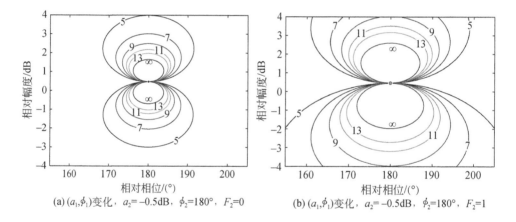

(a) (a_1,ϕ_1)变化，$a_2=-0.5\mathrm{dB}$，$\phi_2=180°$，$F_2=0$　　　　(b) (a_1,ϕ_1)变化，$a_2=-0.5\mathrm{dB}$，$\phi_2=180°$，$F_2=1$

图 4.7　极端干扰环路基线比下的角度因子等高线图

　　当干扰环路基线比为 0 时，干扰环路 2 对总的差通道回波的贡献为零，可近似将多源线阵反向交叉眼干扰机看作两源反向交叉眼干扰机，但不能等同于两源反向交叉眼干扰机，因为总的和通道回波不受干扰环路基线比的影响。对比图 4.7(a)和图 4.3 可以看出，两者差别很小(上下两套等高线的交点不同是由 a_1 不同导致)。当干扰环路基线比为 1 时，干扰环路 2 对总的差通道回波的贡献最大，可认为多源线阵反向交叉眼干扰机是两个两源反向交叉眼干扰机的叠加，但该叠加并不是线性叠加。此时交叉眼增益最大，干扰机系统的参数容限也最宽松，如图 4.7(b)所示。因此，内部干扰环路短基线削弱了多自由度带来高交叉眼增益和宽松参数容限的优势。大的干扰环路基线比对应的削弱作用小，小的干扰环路基线比对应的削弱作用大。

在设计交叉眼干扰机天线布局时,应保证内部干扰环路的基线尽可能大,以获得更为宽松的参数容限。然而,不同干扰环路的天线距离太近会存在干扰信号耦合的问题。干扰机天线需要设计较高的天线隔离度,否则不同干扰环路的干扰信号耦合到另外一个干扰环路中,会造成干扰机系统振荡。因此,不同干扰环路的天线距离不宜过近。对比图 4.7(b)和图 4.6(c)发现,干扰环路基线比为 0.8 时,干扰机性能并没有降低太多。而且两个干扰环路天线相隔 2m,对天线隔离度要求不高。在设计实际 L-MRCJ 系统时,建议将干扰环路基线比选为 0.8 左右。

干扰环路基线比不仅影响了不同干扰机的参数容限要求,而且影响了同一干扰机不同干扰环路的参数容限要求。对比图 4.6(a)与图 4.6(b)可以看出,当 $a_n <$ 0.47dB 时,图 4.6(a)的等高线要比图 4.6(b)的等高线略小一些。这意味着对于同一个交叉眼干扰机,干扰环路基线比使得外部干扰环路的系统参数(a_1, ϕ_1)的容限要求要比内部干扰环路的系统参数(a_2, ϕ_2)的容限要求略微严格一些。相反,当 $a_n > 0.47$dB 时,图 4.6(a)中对应负交叉眼增益的角度因子等高线要比图 4.6(b)的等高线略大一些。造成该现象的原因是:干扰环路基线比削弱了内部干扰环路的差通道回波,为提高总的差通道回波,干扰机需要提高外部干扰环路的差通道回波幅度。对于 $a_n < 0.47$dB,更大的外部干扰环路的差通道回波幅度意味着更小的参数失配值,这使得外部干扰环路的参数容限更苛刻一些;对于 $a_n > 0.47$dB,更大的外部干扰环路的差通道回波幅度意味着更大的参数失配值,这使得外部干扰环路的参数容限更宽松一些。

类似现象也存在于图 4.6(c)与图 4.6(d)的对比结果中。然而,图 4.6(c)与图 4.6(d)的等高线差别很小。这是因为 0.8 的干扰环路基线比对差通道回波的削弱作用不明显。综合上述结果,设计实际的多源线阵反向交叉眼干扰机时,内部干扰环路的基线应尽可能长。

4.5.4　干扰环路差对参数容限的影响

假设干扰距离为 1km,干扰环路基线比为 0.8。由于选用了 0.8 的干扰环路基线比,所以参数(a_1, ϕ_1)与(a_2, ϕ_2)对应的角度因子等高线区别很小,此处仅考虑(a_1, ϕ_1)的角度因子等高线。假设参数 $a_2 = -0.5$dB,$\phi_2 = 180°$。

以干扰环路 1 的信号为基准,并作归一化处理,即 $C_1 = 1$,则干扰环路幅度差为 $\Delta c = c_2/c_1$,相位差为 $\Delta \varphi = \varphi_2 - \varphi_1$。本小节将干扰环路幅度差和相位差分开进行讨论,首先考虑干扰环路相位差对参数容限的影响。假设干扰环路幅度差为 $c_2/c_1 = -0.5$dB,干扰环路相位差分为六种情况,如图 4.8 所示。

从图 4.8 中可以看出,当干扰环路相位差逐渐增大时,干扰机的角度因子等高线逐渐变小。对于相位差精确补偿的情况，$\Delta\varphi=0°$，如图 4.8(a)所示，其角度因子等高线最大；对于相位差补偿最差的情况，$\Delta\varphi=180°$，如图 4.8(e)所示，其角度因子等高线最小。可见，干扰环路相位差严重影响了多源线阵反向交叉眼干扰机的参数容限。干扰环路相位差越大，参数容限要求越苛刻。通过观察交叉眼增益的表达式(4.3)发现，干扰环路相位差的存在使两个干扰环路的通道回波相互抵消。当干扰环路相位差为 180°时，抵消效果最明显，此时的交叉眼增益幅度最小，导致参数容限最苛刻。但是，干扰环路基线比的存在使得差通道回波并不能完全被抵消掉，在理想条件下干扰机仍能够起到干扰作用，但苛刻的参数容限很难保证系统参数保持在理想条件附近。

干扰环路相位差的存在使图 4.8 中上下两套角度因子等高线发生倾斜。相位差越大，倾斜越严重。这将给设计最优容限参数点带来困难，因为最优容限参数点随着干扰环路相位差变化而变化。虽然干扰环路相位差为 180°时，上下两套角度因子等高线并没有发生倾斜，但实际上下两套等高线的位置发生颠倒，这是因为当

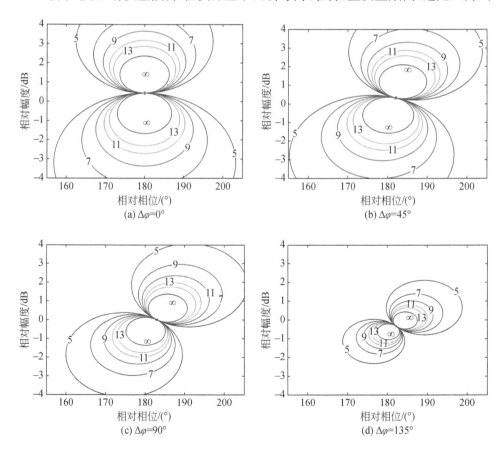

(a) $\Delta\varphi=0°$　　　　　　　　　　　　　　　　(b) $\Delta\varphi=45°$

(c) $\Delta\varphi=90°$　　　　　　　　　　　　　　　　(d) $\Delta\varphi=135°$

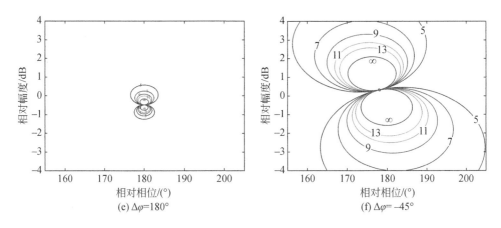

图 4.8 不同干扰环路相位差下的角度因子等高线图

相位差为 180°时,交叉眼增益的符号发生了变化。交叉眼增益的符号变化将导致视在假目标方向发生变化而难以保证假目标处在干扰机的同一侧。因此,在实际干扰机系统中应避免存在 180°的干扰环路相位差。对比图 4.8(b)和图 4.8(f)可以看出,干扰环路相位差的正负影响着角度因子等高线倾斜的方向。

这里考虑干扰环路幅度差对参数容限的影响。假设干扰环路相位差已被精确补偿,即 $\Delta\varphi=0°$,则三种幅度差情况下的角度因子等高线图如图 4.9 所示。

从图 4.9 中可以看出,干扰环路幅度差同样会影响干扰的参数容限:幅度差越大,参数容限越苛刻。然而,对比干扰环路相位差,幅度差的影响作用相对有限。即使是 −10dB 的幅度差,干扰机的参数容限仍然很可观。例如,为获得 7 以上的角度因子,参数 a_1 和 ϕ_1 的最小容限分别为 1.6dB、10.2°。

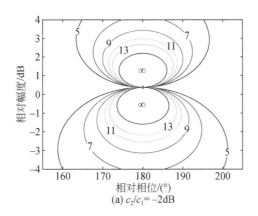

(a) $c_2/c_1=-2dB$

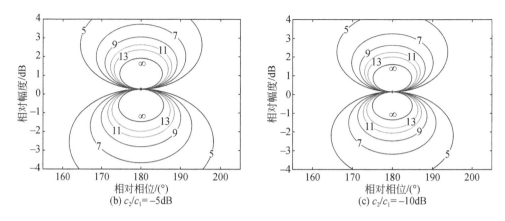

图 4.9　不同干扰环路幅度差下的角度因子等高线图

　　干扰环路幅度差对参数容限的影响还在于改变了最优容限参数点的位置。不同的干扰环路幅度差对应着不同的角度因子等高线交点,如图 4.9 所示。该交点为使交叉眼增益表达式(4.3)等号右边分母为零时的(a_n, ϕ_n)值。当$\phi_1 = \phi_2 = 180°$时,交点的幅度比为

$$a_1 = 1 + (1 - a_2)\frac{c_2}{c_1} \tag{4.31}$$

　　综上所述,干扰环路差严重影响了多源线阵反向交叉眼干扰机的参数容限性能。因此,在设计实际干扰机系统时,需要将干扰环路差进行计算、测量,并精确补偿。

4.6　本章小结

　　本章系统分析了 L-MRCJ 的参数容限性能,通过定义稳定角和角度因子,将容限分析量化为求解特定的稳定角或角度因子对应的系统参数变化范围,并给出了 L-MRCJ 的参数容限求解方法,讨论了影响 L-MRCJ 参数容限的系统因素。仿真实验对比了 L-MRCJ 与两源反向交叉眼干扰的容限性能差异,并给出了最优容限参数点的计算方法;具体讨论了干扰距离、干扰环路基线比以及干扰环路差对参数容限的影响,并提出了设计实际 L-MRCJ 系统的合理建议。实验结果证明了以下重要结论。

　　(1) L-MRCJ 的参数容限比两源反向交叉眼干扰的参数容限更宽松,这是由多自由度的优势决定的。

　　(2) 特定角度因子对应的最优容限参数点为该角度因子的等高线中心。

（3）干扰距离越远、干扰环路基线比越小、干扰环路差越大，L-MRCJ 的参数容限要求越苛刻。

（4）内部干扰环路短基线削弱了 L-MRCJ 多自由度带来高交叉眼增益和宽松参数容限的优势。

（5）干扰环路差中的相位差使得角度因子等高线发生倾斜，而干扰环路差中的幅度差改变了等高线交点的位置。

参 考 文 献

[1] Sparrow M J, Cikalo J. Cross-eye technique implementation [P]. U.S.A., Patent 6885333B2, 2005-04-26.

[2] Harwood N M, Dawber W N, Kluckers V A, et al. Multiple-element crosseye[J]. IET Radar Sonar and Navigation, 2007, 1(1): 67-73.

[3] du Plessis W P, Odendaal J W, Joubert J. Tolerance analysis of cross-eye jamming systems [J]. IEEE Transactions on Aerospace and Electronic Systems, 2011, 47(1): 740-745.

[4] Serin M, Onat E, Orduyılmaz A, et al. Amplitude and phase difference tolerance analysis of cross-eye jamming technique[C]//21st Signal Processing and Communications Applications Conference, Haspolat-Nikosia, 2013: 1-4.

[5] Vakin S A, Shustov L N. Principles of jamming and electronic reconnaissance-volume I[R]. U.S. Air Force, Technology Report, FTD-MT-24-115-69, AD692642, 1969.

[6] Falk L. Cross-eye jamming of monopulse radar[C]//Proceedings of the IEEE Waveform Diversity and Design Conference, Pisa, 2007: 1-5.

[7] du Plessis W P. A comprehensive investigation of retrodirective cross-eye jamming[D]. Pretoria: University of Pretoria, 2010.

[8] du Plessis W P. Path-length effects in multi-loop retrodirective cross-eye jamming[J]. IEEE Antennas and Wireless Propagation Letters, 2016, 15: 626-629.

[9] du Plessis W P. Analysis of path-length effects in multi-loop cross-eye jamming[J]. IEEE Transactions on Aerospace and Electronic Systems, 2017, 53(5): 2266-2276.

第5章　多源线阵反向交叉眼干扰的干信比分析

5.1　引　　言

在不考虑平台反射回波的前提下,第3章和第4章分别开展了 L-MRCJ 的数学建模和参数容限分析。平台反射回波的隔离是通过结合距离波门拖引干扰而实现的[1]。然而,在实际作战环境中,干扰机并不总是有足够的时间实施距离波门拖引。因此,交叉眼干扰机的干扰信号必须与平台反射回波进行对抗,两者会同时进入单脉冲雷达的和、差通道中。若干扰信号功率太小,则平台反射回波起主导作用,将导致交叉眼干扰失效。为了衡量交叉眼干扰的性能[2-6],人们提出了干扰信号与平台反射回波的功率之比——JSR。

有效的交叉眼干扰需要较高的 JSR,这是由其自身特点决定的:幅度近似相等、相位差 180° 的两路干扰信号在单脉冲雷达的和通道中相互抵消,致使干扰机对应的和通道回波功率很低。文献[2]~[4]指出,JSR 至少在 20dB 以上才能保证交叉眼干扰有效,尽管该结论并没有严格的数学理论依据,但是已被电子战领域广泛认同。Redmill 和 Stratakos 等试图对存在平台反射回波时的交叉眼干扰进行分析。Redmill 将搭载平台看作位于稳定角上的点源,通过对比干扰信号幅度与平台反射回波幅度来分析平台反射回波的影响[7]。当交叉眼干扰造成单脉冲雷达失锁时,稳定角不存在将会导致 Redmill 的方法失效。Stratakos 将搭载平台视为干扰机两个点源之外的第三个散射点,分析三个散射点对单脉冲雷达的测角影响。Redmill 和 Stratakos 等都是基于角闪烁理论分析平台反射回波对交叉眼干扰的影响,因此存在一定的理论误差。考虑到反向交叉眼干扰机的反向特性,du Plessis 分析了平台反射回波对两源反向交叉眼干扰的影响[8,9]。du Plessis 将搭载平台视为单脉冲雷达的一个点目标,位于交叉眼干扰机的两个天线之间,并将干扰机回波与点目标回波分别在和、差通道内进行相加得到总的和、差通道回波。该方法在获得总的和通道回波的过程中,充分考虑了反向交叉眼干扰机的反向特性,避免了 Redmill 和 Stratakos 等忽略交叉眼干扰机反向结构而引入的错误。du Plessis 指出 20dB 的 JSR 要求对交叉眼干扰是合理的却略显保守,只要 11.14dB 的 JSR 即可使单脉冲雷达指向搭载平台之外的角度上[8]。

L-MRCJ 在一定程度上可以降低干扰机对 JSR 的需求。更多的自由度使得

L-MRCJ 可以获得更大的交叉眼增益,因此 L-MRCJ 能够以较低的 JSR 来获取与两源反向交叉眼干扰相同的干扰性能。本章将在文献[8]、[9]的基础上对 L-MRCJ 的 JSR 需求进行分析,通过分析 L-MRCJ 的交叉眼增益与 JSR 之间的关系来量化平台反射回波对 L-MRCJ 干扰性能的影响。仿真实验验证了 L-MRCJ 相比两源反向交叉眼干扰在 JSR 需求上的优势,然而该优势并不十分明显,缩减平台目标 RCS 和使用有效辐射功率较高的干扰天线是提高 L-MRCJ 实用化的有效方法。

　　本章内容安排如下:5.2 节对平台反射回波进行信号建模;5.3 节参考两源反向交叉眼干扰,推导干扰机回波,以及单脉冲雷达的总和、差通道回波,并给出总单脉冲比和总交叉眼增益;5.4 节考虑总交叉眼增益的分布特性,在平台反射回波相位为均匀分布的假设下,推导统计交叉眼增益;5.5 节定义 L-MRCJ 的 JSR,并推导 JSR 与统计交叉眼增益的关系;5.6 节通过仿真试验验证 L-MRCJ 相比两源反向交叉眼干扰在 JSR 上的优势,分析平台反射回波对交叉眼干扰机性能的影响,给出设计实际交叉眼干扰机系统时 JSR 的合理建议;5.7 节对本章内容进行总结。

5.2　平台反射回波模型

　　以飞机平台为例,考虑平台反射回波后的 L-MRCJ 干扰场景如图 5.1 所示。考虑到单脉冲跟踪雷达一般为窄带雷达以及交叉眼干扰机天线以阵列中心对称排列,本节将飞机平台视为位于天线阵列中心的点目标(图中小方块)。干扰机的 N 个天线阵元(图中十字叉)排列在机翼上,天线 1 和天线 N 安置在机翼两端。d_n 为干扰环路 n 的基线长度,其余参数与 3.2 节干扰场景中的参数相同。

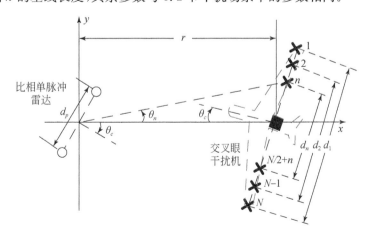

图 5.1　考虑平台反射回波后的 L-MRCJ 干扰场景

由干扰场景可知,单脉冲雷达视轴与飞机点目标的夹角为 θ_r,则单脉冲雷达在方向 θ_r 上的归一化和通道增益、差通道增益分别为

$$S_g = P_r(\theta_r) \cos\left[\beta \frac{d_p}{2} \sin(\theta_r)\right] \tag{5.1}$$

$$D_g = \mathrm{j} P_r(\theta_r) \sin\left[\beta \frac{d_p}{2} \sin(\theta_r)\right] \tag{5.2}$$

式中,P_r 为单脉冲雷达波束。

考虑到单脉冲雷达的和通道既发射雷达信号又接收目标回波,而差通道仅接收目标回波,则飞机点目标的和通道增益、差通道回波分别可以表示为

$$
\begin{aligned}
S_s &= \sqrt{\sigma} S_g^2 \\
&= \sqrt{\sigma} P_r^2 \cos^2\left[\beta \frac{d_p}{2} \sin(\theta_r)\right] \\
&= \frac{1}{2} \sqrt{\sigma} P_r^2 \{\cos[\beta d_p \sin(\theta_r)] + 1\}
\end{aligned}
\tag{5.3}
$$

$$
\begin{aligned}
S_s &= \sqrt{\sigma} S_g D_g \\
&= \mathrm{j} \sqrt{\sigma} P_r^2 \sin\left[\beta \frac{d_p}{2} \sin(\theta_r)\right] \cos\left[\beta \frac{d_p}{2} \sin(\theta_r)\right] \\
&= \mathrm{j} \frac{1}{2} \sqrt{\sigma} P_r^2(\theta_r) \sin[\beta d_p \sin(\theta_r)]
\end{aligned}
\tag{5.4}
$$

式中,$\sqrt{\sigma}$ 用于表征平台目标对雷达信号回波幅度的散射能力;σ 用于表征平台目标的 RCS。当目标处于雷达天线远场时,即满足远场条件时,目标 RCS 与干扰距离 r 无关。

式(5.3)与式(5.4)的化简用到了以下三角函数:

$$\cos^2(\theta) = \frac{\cos(2\theta) + 1}{2} \tag{5.5}$$

$$\sin(\theta)\cos(\theta) = \frac{1}{2}\sin(2\theta) \tag{5.6}$$

对于一个点目标,精确的单脉冲处理器用和通道回波归一化差通道回波,得到单脉冲比为

$$
\begin{aligned}
M_s &= \mathfrak{I}\left(\frac{D_s}{S_s}\right) \\
&= \tan\left[\beta \frac{d_p}{2} \sin(\theta_r)\right]
\end{aligned}
\tag{5.7}
$$

此时,单脉冲指示角可由式(5.7)计算 θ_r 的值确定。在无干扰的情况下,不存在测角误差,因此点目标所在的方向 θ_r 即为单脉冲指示角。

5.3　单脉冲雷达的总和、差通道回波

在隔离平台反射回波的条件下,单脉冲雷达和、差通道接收干扰环路 n 的干扰机回波分别为

$$S_J = \frac{1}{2} \sum_{n=1}^{N/2} C_n P_n (1+A_n)[\cos(2k_{sn}) + \cos(2k_{cn})] \tag{5.8}$$

$$D_J = j \frac{1}{2} \sum_{n=1}^{N/2} C_n P_n [(1+A_n)\sin(2k_{sn}) + (1-A_n)\sin(2k_{cn})] \tag{5.9}$$

式中

$$P_n = P_r(\theta_r - \theta_n)P_c(\theta_c - \theta_n)P_r(\theta_r + \theta_n)P_c(\theta_c + \theta_n) \tag{5.10}$$

$$k_{sn} = \beta \frac{d_p}{2} \sin(\theta_r)\cos(\theta_n) \tag{5.11}$$

$$k_{cn} = \beta \frac{d_p}{2} \cos(\theta_r)\sin(\theta_n) \tag{5.12}$$

式中,$A_n = a_n e^{j\phi_n}$, a_n 和 ϕ_n 分别为干扰环路 n 中途经天线 n 到天线 $N/2+n$ 的干扰信号与途经天线 $N/2+n$ 到天线 n 的干扰信号的幅度比和相位差,其中 a_n 可以取大于 1 或小于 1 的数值,不同的数值决定了视在假目标的位置;$C_n = c_n e^{j\varphi_n}$ 为干扰环路差,c_n 为幅度衰减,φ_n 为相移,以最大的干扰环路幅度为基准对其余干扰环路进行归一化,则有 $|C_n| \leqslant 1$;P_c 为干扰机天线波束;β 为自由空间相位常数。

当干扰距离 r 远大于干扰机天线阵列基线长度 d_n 时,θ_n 近似很小,即在远场条件下,式(5.10)可表示为

$$P_n \approx P_r^2(\theta_r)P_c^2(\theta_c) = P \tag{5.13}$$

用和通道回波归一化差通道回波,隔离条件下交叉眼干扰机回波对应的单脉冲比为

$$M_J = \Im\left(\frac{D_J}{S_J}\right)$$

$$\approx \Re\left\{ \frac{\sum\limits_{n=1}^{N/2} C_n[(1+A_n)\sin(2k_{sn}) + (1-A_n)\sin(2k_{cn})]}{\sum\limits_{n=1}^{N/2} C_n(1+A_n)[\cos(2k_{sn}) + \cos(2k_{cn})]} \right\} \tag{5.14}$$

当平台反射回波和干扰机回波同时存在时,总的单脉冲比并不是式(5.7)与式(5.14)的单脉冲比简单相加。实际上,平台反射回波和干扰机回波会同时被单脉冲雷达的和通道、差通道接收,因此总单脉冲比应由总和通道回波对总差通道回波进行归一化得到。

干扰机回波与平台反射回波分别在单脉冲雷达和通道、差通道内相加,得到总

和通道回波为

$$S_t = S_J + S_s$$

$$= \frac{1}{2}\sum_{n=1}^{N/2} C_n P_n (1+A_n)\left[\cos(2k_{sn})+\cos(2k_{cn})\right] + \frac{1}{2}\sqrt{\sigma}P_r^2\left\{\cos\left[\beta d_p \sin(\theta_r)\right]+1\right\}$$

$$\approx \frac{1}{2}P_r^2\left[\cos(2k_{s1})+1\right]\left[P_c^2\sum_{n=1}^{N/2}C_n(1+A_n)+\sqrt{\sigma}\right]$$

$$= \frac{1}{2}P\left[\cos(2k_{s1})+1\right]\left[a_s e^{j\phi_s}+\sum_{n=1}^{N/2}C_n(1+A_n)\right] \tag{5.15}$$

总差通道回波为

$$D_t = D_J + D_s$$

$$= j\frac{1}{2}\sum_{n=1}^{N/2}C_n P_n\left[(1+A_n)\sin(2k_{sn})+(1-A_n)\sin(2k_{cn})\right]+j\frac{1}{2}\sqrt{\sigma}P_r^2\sin\left[\beta d_p\sin(\theta_r)\right]$$

$$\approx j\frac{1}{2}P_r^2\left\{\sin(2k_{s1})\left[\sqrt{\sigma}+P_c^2\sum_{n=1}^{N/2}C_n(1+A_n)\right]+P_c^2\sin(2k_{c1})\sum_{n=1}^{N/2}F_n C_n(1-A_n)\right\}$$

$$= j\frac{1}{2}P\left\{\sin(2k_{s1})\left[a_s e^{j\phi_s}+\sum_{n=1}^{N/2}C_n(1+A_n)\right]+\sin(2k_{c1})\sum_{n=1}^{N/2}F_n C_n(1-A_n)\right\} \tag{5.16}$$

式中

$$a_s e^{j\phi_s}=\frac{\sqrt{\sigma}}{P_c^2(\theta_c)}=A_s \tag{5.17}$$

式中，a_s 和 ϕ_s 分别为平台反射回波的幅度和相位；A_s 和 σ 都可以用来表征平台目标的 RCS，区别在于 A_s 已将干扰机的波束增益包含在内。

需要强调的是，当干扰场景满足远场条件时，由式(5.15)表示的单脉冲雷达的总和通道回波中，平台反射回波 S_s 与干扰机回波 S_J 都与干扰距离 r 无关。考虑到干扰距离对两者的衰减是相同的，且在计算 JSR 时会被约掉，因此本节在对上述回波进行数学建模时，没有体现干扰距离对信号功率损耗的作用。

本书在推导式(5.15)和式(5.16)的过程中，使用了由远场条件引入的近似：

$$k_{sn}\approx\beta\frac{d_p}{2}\sin(\theta_r) \tag{5.18}$$

$$k_{cn}\approx F_n k_{c1} \tag{5.19}$$

$$\cos(2k_{cn})\approx1 \tag{5.20}$$

$$\sin(2k_{cn})\approx F_n\sin(2k_{c1}) \tag{5.21}$$

其中引入最大近似误差的近似是 $\cos(2k_{cn})\approx1$，误差为

$$\Delta S_t=\frac{1}{2}P\sum_{n=1}^{N/2}C_n(1+A_n)\left[\cos(2k_{cn})-1\right] \tag{5.22}$$

当该误差相对总和通道回波小到可以忽略时,需要满足

$$\left|\frac{\Delta S_t}{S_t}\right| = \left|\frac{\displaystyle\sum_{n=1}^{N/2} C_n(1+A_n)\left[\cos(2k_{cn})-1\right]}{\left[\cos(2k_{s1})+1\right]\left[A_s+\displaystyle\sum_{n=1}^{N/2}C_n(1+A_n)\right]}\right|$$

$$\leqslant \left|\frac{\left[\cos(2k_{c1})-1\right]\displaystyle\sum_{n=1}^{N/2} C_n(1+A_n)}{\left[\cos(2k_{s1})+1\right]\left[A_s+\displaystyle\sum_{n=1}^{N/2}C_n(1+A_n)\right]}\right|$$

$$\ll 1 \tag{5.23}$$

因此,当满足以下 3 点时,式(5.18)~式(5.21)可认为是合理的。

(1) 干扰机天线阵列的半张角远小于单脉冲雷达的和通道波束。

(2) 干扰机处于单脉冲雷达视轴方向附近。

(3) 单脉冲雷达总和通道回波不为零。

用总和通道回波归一化总差通道回波,并取归一化结果的虚部,得到总单脉冲比为

$$M_J = \Im\left(\frac{D_t}{S_t}\right)$$

$$\approx \tan(k_{s1}) + \frac{\sin(2k_{c1})}{\cos(2k_{s1})+1}\Re\left[\frac{\displaystyle\sum_{n=1}^{N/2} F_n C_n(1-A_n)}{A_s+\displaystyle\sum_{n=1}^{N/2}C_n(1+A_n)}\right] \tag{5.24}$$

式(5.24)的化简用到了

$$\tan(k_{s1}) = \frac{\sin(2k_{s1})}{\cos(2k_{s1})+1} \tag{5.25}$$

定义总交叉眼增益为

$$G_t = \Re\left[\frac{\displaystyle\sum_{n=1}^{N/2} F_n C_n(1-A_n)}{A_s+\displaystyle\sum_{n=1}^{N/2}C_n(1+A_n)}\right] \tag{5.26}$$

则总脉冲比可改写为

$$M_J \approx \tan(k_{s1}) + G_t\frac{\sin(2k_{c1})}{\cos(2k_{s1})+1} \tag{5.27}$$

式(5.27)中等号右边第二项为交叉眼干扰机造成的测角误差。可以看出,测

角误差与平台物理几何(k_{s1}、k_{c1})、系统参数(A_n、F_n、C_n)以及平台 RCS(A_s)有关。

　　观察总交叉眼增益的表达式可以看出,平台反射回波对 L-MRCJ 的影响主要体现在和通道回波为干扰机回波与平台反射回波的相加,而产生测角误差的部分差通道回波不变,从而使总交叉眼增益相比隔离交叉眼增益大幅降低。实际上,飞机/舰船等平台扮演着信标机的角色,削弱了交叉眼干扰机的作用。

5.4　总交叉眼增益的分布特性

　　受限于雷达目标 RCS 的姿态敏感性,平台反射回波的相位不能确定,因此雷达目标的 RCS 值一般与雷达回波的幅度平方有关。考虑到平台反射回波相位的不确定性,假设平台反射回波的相位在所有角范围内符合均匀分布。因此,式(5.26)中的总交叉眼增益不再是单一的值,而是由平台反射回波相位决定的随机变量。

5.4.1　总交叉眼增益的累积分布函数

　　本节将推导总交叉眼增益的累积分布函数。将总交叉眼增益展开,得到

$$
\begin{aligned}
G_t &= \Re\left[\frac{\sum_{n=1}^{N/2} F_n(C_n - C_n A_n)}{A_s + \sum_{n=1}^{N/2}(C_n + C_n A_n)}\right] \\
&= \Re\left[\frac{c + \mathrm{j}d}{a_s\cos(\phi_s) + \mathrm{j}a_s\sin(\phi_s) + a + \mathrm{j}b}\right] \\
&= \Re\left\{\frac{c + \mathrm{j}d}{[a_s\cos(\phi_s) + a] + \mathrm{j}[a_s\sin(\phi_s) + b]}\right\} \\
&= \frac{ac + bd + ca_s\cos(\phi_s) + da_s\sin(\phi_s)}{a^2 + b^2 + a_s^2 + 2aa_s\cos(\phi_s) + 2ba_s\sin(\phi_s)}
\end{aligned}
\tag{5.28}
$$

式中

$$
a = \sum_{n=1}^{N/2}\left[c_n\cos(\varphi_n) + c_n a_n\cos(\varphi_n + \phi_n)\right]
\tag{5.29}
$$

$$
b = \sum_{n=1}^{N/2}\left[c_n\sin(\varphi_n) + c_n a_n\sin(\varphi_n + \phi_n)\right]
\tag{5.30}
$$

$$
c = \sum_{n=1}^{N/2} F_n\left[c_n\cos(\varphi_n) - c_n a_n\cos(\varphi_n + \phi_n)\right]
\tag{5.31}
$$

$$
d = \sum_{n=1}^{N/2} F_n\left[c_n\sin(\varphi_n) - c_n a_n\sin(\varphi_n + \phi_n)\right]
\tag{5.32}
$$

定义

$$k_1 = ac + bd \tag{5.33}$$

$$k_2 = ca_s \tag{5.34}$$

$$k_3 = da_s \tag{5.35}$$

$$k_4 = a^2 + b^2 + a_s^2 \tag{5.36}$$

$$k_5 = 2aa_s \tag{5.37}$$

$$k_6 = 2ba_s \tag{5.38}$$

则总交叉眼增益可改写为

$$G_t = \frac{k_1 + k_2\cos(\phi_s) + k_3\sin(\phi_s)}{k_4 + k_5\cos(\phi_s) + k_6\sin(\phi_s)} \tag{5.39}$$

此时,求解统计交叉眼增益可根据文献[9]中两源反向交叉眼干扰的求解方法进行。定义

$$\cos(\theta) = \frac{k_2 - G_t k_5}{k_m} \tag{5.40}$$

$$\sin(\theta) = \frac{k_3 - G_t k_6}{k_m} \tag{5.41}$$

$$k_m^2 = (k_2 - G_t k_5)^2 + (k_3 - G_t k_6)^2 \tag{5.42}$$

则式(5.42)可改写为

$$k_m^2 = a_s^2 \left[(c - 2aG_t)^2 + (d - 2bG_t)^2 \right] \tag{5.43}$$

进而式(5.39)可改写为

$$\cos(x) = \frac{G_t k_4 - k_1}{k_m} \tag{5.44}$$

式中,$k_m \geqslant 0$；$x = \phi_s - \theta$。由于 θ 为由式(5.40)和式(5.41)决定的常数,因此 x 跟随 ϕ_s 在所有角度范围内均匀分布。

由文献[9]可知,式(5.44)等号右边的分式关于 G_t 的函数不存在极值点,为单调函数。因此,总交叉眼增益的累积分布函数可由 x 的累积分布函数推导得出。由于 x 在所有角度范围内符合均匀分布,考虑到余弦函数的周期性,x 的累积分布函数为

$$F_x(x) = \begin{cases} 0, & x < -\pi \\ \dfrac{x + \pi}{2\pi}, & -\pi \leqslant x \leqslant \pi \\ 1, & x > \pi \end{cases} \tag{5.45}$$

在 $(-\pi, \pi)$ 内,每一个总交叉眼增益值都对应着 $\pm x$,则总交叉眼增益的累积分布函数为

$$F_{G_t}(G_{ts}) = P\{G_t \leqslant G_{ts}\}$$

$$= \begin{cases} P\{|x| \leqslant x_s\} \\ P\{|x| > x_s\} \end{cases}$$

$$= \begin{cases} x_s/\pi \\ 1 - x_s/\pi \end{cases} \tag{5.46}$$

则

$$x_s = \begin{cases} \pi F_{G_t}(G_{ts}) \\ \pi - \pi F_{G_t}(G_{ts}) \end{cases} \tag{5.47}$$

将式(5.44)代入式(5.47),得到

$$\frac{G_t k_4 - k_1}{k_m} = \begin{cases} \cos(\pi F_{G_t}) \\ \cos(\pi - \pi F_{G_t}) \end{cases} \tag{5.48}$$

即

$$\cos(\pi F_{G_t}) = \pm \frac{k_1 - G_t k_4}{k_m} \tag{5.49}$$

当式(5.44)等号右边的分式是关于 G_t 的单调递增函数时,取正号;当式(5.44)等号右边的分式是关于 G_t 的单调递减函数时,取负号。

将 $F_{G_t} = 0.5$ 代入式(5.49),得到总交叉眼增益中值(median total cross-eye gain,MTCEG),即

$$G_m = \frac{k_1}{k_4}$$

$$= \frac{ac + bd}{a^2 + b^2 + a_s^2} \tag{5.50}$$

下面以 MTCEG 为特例来判断式(5.44)等号右边分式的单调性。分式关于 G_t 的导数为

$$\frac{\partial}{\partial G_t} \frac{G_t k_4 - k_1}{k_m} \bigg|_{G_t = G_m}$$

$$= \frac{k_4 k_m^2 + (G_t k_4 - k_1)[k_5(k_2 - G_t k_5) + k_6(k_3 - G_t k_6)]}{k_m^3} \bigg|_{G_t = G_m}$$

$$= \frac{k_4}{k_m}$$

$$> 0 \tag{5.51}$$

这说明式(5.44)等号右边的分式关于 G_t 单调递增,此时 G_t 的累积分布函数为

$$F_{G_t} = \frac{1}{\pi} \arccos\left(\frac{k_1 - G_t k_4}{k_m}\right) \tag{5.52}$$

当 G_t 使得 $|(k_1 - G_t k_4)/k_m| > 1$ 时,反余弦函数会出现复数,此时 G_t 的累积分布函数可改写为

$$F_{G_t} = \Re\left[\frac{1}{\pi}\arccos\left(\frac{k_1 - G_t k_4}{k_m}\right)\right] \tag{5.53}$$

式(5.53)可改写为

$$F_{G_t} = \begin{cases} 0, & G_t < \min(G_t) \\ \dfrac{1}{\pi}\arccos\left(\dfrac{k_1 - G_t k_4}{k_m}\right), & \min(G_t) \leqslant G_t \leqslant \max(G_t) \\ 1, & G_t > \max(G_t) \end{cases} \tag{5.54}$$

5.4.2　总交叉眼增益的统计值

当总交叉眼增益的累积分布函数取确定值时,得到的总交叉眼增益值称为统计交叉眼增益,其中具有特殊意义的是 MTCEG 和总交叉眼增益极限值(extreme total cross-eye gain,ETCEG)。

根据式(5.29)~式(5.32)的符号定义,有

$$a^2 + b^2 = \left|\sum_{n=1}^{N/2} C_n(1 + A_n)\right|^2 \tag{5.55}$$

和

$$\begin{aligned} \frac{ac + bd}{a^2 + b^2} &= \Re\left(\frac{c + \mathrm{j}d}{a + \mathrm{j}b}\right) \\ &= \Re\left[\frac{\displaystyle\sum_{n=1}^{N/2} F_n C_n(1 - A_n)}{\displaystyle\sum_{n=1}^{N/2} C_n(1 + A_n)}\right] \\ &= G_{cn} \end{aligned} \tag{5.56}$$

式中, G_{cn} 为隔离平台反射回波条件下的隔离交叉眼增益。式(5.50)中的 MTCEG 可改写为

$$\begin{aligned} G_m &= \frac{ac + bd}{a^2 + b^2 + a_s^2} \\ &= \Re\left(\frac{c + \mathrm{j}d}{a + \mathrm{j}b}\right)\frac{a^2 + b^2}{a^2 + b^2 + a_s^2} \\ &= G_{cn}K \end{aligned} \tag{5.57}$$

式中

$$K = \frac{a^2 + b^2}{a^2 + b^2 + a_s^2} \tag{5.58}$$

式(5.58)可改写为

$$K = \frac{\left| \sum_{n=1}^{N/2} C_n (1 + A_n) \right|^2}{\left| \sum_{n=1}^{N/2} C_n (1 + A_n) \right|^2 + a_s} \tag{5.59}$$

根据式(5.57)和式(5.59)可知，K 为交叉眼干扰机对应的和通道回波与总和通道回波之比，决定着 MTCEG 能够达到多少比例的隔离交叉眼增益，因此 K 称为效率因子。

当 $F_{G_t} = 0$ 或 $F_{G_t} = 1$ 时，总交叉眼增益可以取到极限值，此时有

$$\left| \frac{k_1 - G_e k_4}{k_m} \right| = 1 \tag{5.60}$$

$$(k_1 - G_e k_4)^2 = k_m^2 \tag{5.61}$$

式中，G_e 为 ETCEG。

将式(5.42)代入式(5.61)，则有

$$(k_1 - G_e k_4)^2 = (k_2 - G_e k_5)^2 + (k_3 - G_e k_6)^2 \tag{5.62}$$

将 $k_1 \sim k_6$ 代入式(5.62)，进一步推导得到(见附录B)

$$G_e = \frac{ac + bd \pm a_s \sqrt{c^2 + d^2}}{a^2 + b^2 - a_s^2} \tag{5.63}$$

极限值分为最大值和最小值。当 $a^2 + b^2 > a_s^2$ 且 ± 取 +，或者 $a^2 + b^2 < a_s^2$ 且 ± 取 − 时，极限值为最大值。相反，当 $a^2 + b^2 > a_s^2$ 且 ± 取 −，或者 $a^2 + b^2 < a_s^2$ 且 ± 取 + 时，极限值为最小值。因此，最大值与最小值并不能直接确定，式(5.63)中的两种情况都有可能是最大值或最小值。

推导总交叉眼增益的最大值和最小值的意义是限定了总交叉眼增益的边界，当其累积分布函数取 0~1 的其他值时得到的特定交叉眼增益总是处于最大值和最小值之间。

当 $N = 2$ 时，MTCEG 和 ETCEG 分别为

$$G_m = \frac{1 - a_1^2}{1 + a_1^2 + 2a_1 \cos(\phi_1) + a_s^2} \tag{5.64}$$

$$G_e = \frac{1 - a_1^2 \pm a_s \sqrt{1 + a_1^2 - 2a_1 \cos(\phi_1)}}{1 + a_1^2 + 2a_1 \cos(\phi_1) - a_s^2} \tag{5.65}$$

与文献[9]中两源反向交叉眼干扰的结果相同。进一步说明，两源反向交叉眼干扰可以看作 L-MRCJ 的特例。

5.5　干信比的定义

交叉眼干扰机发射两路或多路干扰信号，其 JSR 的定义可以分为两种：一种为

两路或多路干扰信号功率之和与平台反射回波功率之比;另一种为两路或多路干扰信号中最大的信号功率与平台反射回波功率之比。为了使结果具有可比性,参考[2]中 JSR 的定义,本节定义 L-MRCJ 的 JSR 为多路信号中最大的信号功率与平台反射回波功率之比。

考虑到单脉冲雷达的和通道既发射雷达信号又接收雷达回波,因此 JSR 可通过式(5.15)总和通道回波中对比干扰机回波和平台反射回波得到,具体表达式为

$$
\begin{aligned}
\mathrm{JSR} &= \frac{\max\{|C_n|^2, |C_n A_n|^2\}}{|A_s|^2} \\
&= \frac{\max\{1, c_n^2 a_n^2\}}{a_s^2} \\
&= \begin{cases} 1/a_s^2, & c_n a_n \leqslant 1 \\ (c_n^2 a_n^2)/a_s^2, & c_n a_n > 1 \end{cases}
\end{aligned}
\tag{5.66}
$$

推导过程中用到了 $|C_n| \leqslant 1$;函数 $\max\{\ \}$ 是为了确保多路干扰信号中最大的信号功率被用来计算 JSR。

将式(5.17)代入式(5.66),得到

$$
\mathrm{JSR} = \begin{cases} \dfrac{P_c^4(\theta_c)}{\sigma}, & c_n a_n \leqslant 1 \\[3mm] \dfrac{c_n^2 a_n^2 P_c^4(\theta_c)}{\sigma}, & c_n a_n > 1 \end{cases}
\tag{5.67}
$$

由于交叉眼干扰机多路信号是转发单脉冲雷达信号,传播路径的衰减对干扰信号和平台反射回波是相同的,因此 JSR 是与干扰距离无关的量纲。在已知平台目标 RCS 和系统参数固化后,只需设计干扰机天线波束增益来满足交叉眼干扰机要求的 JSR。

由式(5.66)和式(5.67)可知,当 $c_n^2 a_n^2 > 1$ 时,JSR 将会随系统参数 c_n 和 a_n 变化,不同的系统参数对应不同的 JSR 值。尽管如此,L-MRCJ 仍可以用固定的 JSR 值来计算 MTCEG 和 ETCEG,这是因为系统参数变化时,为了获得固定的 JSR 值,包含在 a_s 中的干扰机天线波束增益可以随系统参数变化而变化。

将式(5.66)分别代入式(5.50)和式(5.63),得到 JSR 与 MTCEG、ETCEG 的关系式分别为

$$
G_m = \frac{ac + bd}{a^2 + b^2 + \max\{1, c_n^2 a_n^2\}/\mathrm{JSR}}
\tag{5.68}
$$

$$
G_e = \frac{ac + bd \pm \sqrt{(c^2 + d^2)\max\{1, c_n^2 a_n^2\}/\mathrm{JSR}}}{a^2 + b^2 - \max\{1, c_n^2 a_n^2\}/\mathrm{JSR}}
\tag{5.69}
$$

将式(5.66)代入式(5.58),则效率因子与 JSR 的关系为

$$
K = \frac{a^2 + b^2}{a^2 + b^2 + \max\{1, c_n^2 a_n^2\}/\mathrm{JSR}}
\tag{5.70}
$$

从上述关系式可以看出,考虑平台反射回波之后,JSR 直接决定着 MTCEG 和 ETCEG,并决定着 MTCEG 占隔离交叉眼增益的比例。JSR 越大,效率因子越趋近于 1,意味着 MTCEG 越靠近隔离交叉眼增益,此时平台反射回波被干扰信号淹没。

5.6　仿真实验与结果分析

本节设计了五个仿真实验,从存在平台反射回波时单脉冲指示角的变化、JSR 与总交叉眼增益的关系、JSR 对参数容限性能的影响以及干扰环路差的补偿精度等方面,验证了 L-MRCJ 相比两源反向交叉眼干扰在 JSR 性能上的优势,分析了平台反射回波对交叉眼干扰机的性能影响,给出了存在平台反射回波时设计实际交叉眼干扰机系统的合理建议。

仿真实验中 L-MRCJ 采用 4 阵元的反向线阵结构。导弹导引头攻击飞机时的干扰场景参数设置如下:雷达频段为 X 波段,频点为 9GHz,天线波束宽度为 $10°$,天线孔径 $d_p = 2.54\lambda$,干扰机天线阵列长度为 10m,阵列两端的天线布置在机翼两端,干扰环路基线比为 0.8,干扰机相对雷达的转角为 $30°$,单脉冲雷达视轴方向为 $0°$。

5.6.1　单脉冲指示角的变化

单脉冲指示角 θ_i 由下式计算得到:

$$\tan\left[\beta\frac{d_p}{2}\sin(\theta_i)\right] = \tan(k_{s1}) + G_t\frac{\sin(2k_{c1})}{\cos(2k_{s1})+1} \tag{5.71}$$

总交叉眼增益的分布特性决定着单脉冲指示角不再是单一值。统计交叉眼增益对应的单脉冲指示角称为统计单脉冲指示角,包括中值和极限值。本节考察不同 JSR 下统计单脉冲指示角中的中值、最小值以及最大值受平台反射回波影响的变化趋势。

由第 4 章结论可知,0.8 的干扰环路基线比对差通道回波的削弱作用较小,交换参数 (a_1, ϕ_1) 与 (a_2, ϕ_2) 对交叉眼增益幅度的影响很小,因此本节只考虑 (a_1, ϕ_1) 的取值情况,(a_2, ϕ_2) 取值为 $(-0.5\text{dB}, 175°)$。假设干扰环路差被精确补偿 $(c_1=0\text{dB}, c_2/c_1=-0.5\text{dB}, \varphi_2=\varphi_1=0°)$。$(a_1, \phi_1)$ 取不同值时单脉冲指示角随 JSR 的变化曲线如图 5.2 所示。本节仅考虑 $c_n a_n < 1$ 的情况,得到的结论同样适用于 $c_n a_n > 1$ 的情况。图例中的中值、最小值和最大值分别指代单脉冲指示角的中值、最小值和最大值。

从图 5.2 中可以看出,当 JSR 很小或很大时,统计单脉冲指示角变化很小,即中值与极限值区别很小。当 JSR 很小时,平台发射回波在总通道回波中占主导作

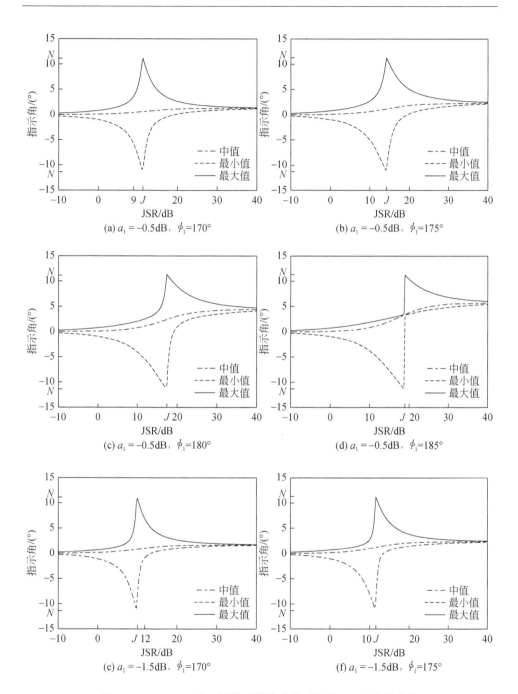

图 5.2　（a_1，ϕ_1）取不同值时单脉冲指示角随 JSR 的变化曲线

用,而干扰机回波可以忽略不计,此时的统计单脉冲指示角为单脉冲雷达的视轴方向,即 $\theta_r = 0°$。当 JSR 很大时,干扰机回波在总通道回波中占主导作用,而平台反射回波可以忽略不计,此时的统计单脉冲指示角近似为由隔离交叉眼增益计算得到的隔离单脉冲指示角,因此针对 JSR = 40dB 的情况,当 ϕ_1 从 170°趋于理想值 185°时,隔离交叉眼增益越来越大,统计单脉冲指示角也越来越大。

当干扰机回波幅度与平台反射回波幅度相等时,统计单脉冲指示角的极限值将会发生较大的变动。尤其当 ϕ_1 取理想值 185°时,如图 5.2(d)所示,ETCEG 曲线具有不连续性。图 5.2 中横坐标中的 J 用来表征干扰机回波幅度与平台反射回波幅度相等时的 JSR。当 $a^2 + b^2 = a_s^2$ 时,J 为

$$J = \frac{1}{a_s^2}$$
$$= \frac{1}{a^2 + b^2} \tag{5.72}$$

当 JSR = J 时,ETCEG 表达式的分母为零,ETCEG 无穷大,对应的单脉冲指示角将覆盖单脉冲雷达天线的零功率波束宽度(first-null beam width,FNBW),由图 5.2 中纵坐标中的 N 标识。然而,干扰机回波幅度与平台反射回波幅度相等时,MTCEG 变动较小,且有

$$G_m = \frac{ac + bd}{2(a^2 + b^2)}$$
$$= \frac{1}{2}G_{oi} \tag{5.73}$$

此时,MTCEG 为隔离交叉眼增益的一半。因此,当 JSR = J 时,ETCEG 对应的单脉冲指示角为零功率波束宽度,而 MTCEG 对应的单脉冲指示角约为 JSR = 40dB 时单脉冲指示角的 1/2。

在实际干扰机系统中,应避免单脉冲指示角变动较大的情况,同时希望干扰机回波起主导作用,这要求 JSR > J。对比不同(a_1 , ϕ_1)的单脉冲指示角曲线,当幅度比和相位差越接近于理想条件时,干扰机回波越低,使单脉冲指示角的极限值变动较大的 JSRJ 越大,此时满足条件 JSR > J 也越难。对比图 5.2(a)~图 5.2(d)发现,当 ϕ_1 从 170°趋于理想值 185°时,J 从 11.3dB 提高到 18.7dB。对比图 5.2(a)和图 5.2(e)发现,当 a_1 从 -1.5dB 提高到 -0.5dB 时,J 从 9.9dB 提高到 11.3dB。可见,实际干扰机系统中存在如下矛盾:为更容易满足 JSR > J,幅度比和相位差需要较大的失配,而这又牺牲了交叉眼增益和测角误差。因此,在设计干扰机系统时,需要合理设置系统参数,使得参数容限和 J 处于合理的范围内,同时提高干扰机天线的等效辐射功率以提高 JSR。

从图 5.2 中可以看出,单脉冲指示角中值的变动总是比极限值小,同时跟踪滤

波器更趋于跟踪分布的中值[8]，因此将 MTCEG 作为性能指标来分析多源线阵反向交叉眼干扰机的 JSR 需求是合理的。

5.6.2　干信比与统计交叉眼增益

本节的仿真实验均考虑两种干扰环路差补偿情况：精确补偿（$c_1 = 0\mathrm{dB}$，$c_2/c_1 = -0.5\mathrm{dB}$ 以及 $\varphi_1 = \varphi_2 = 0°$）和非精确补偿（$c_1 = 0\mathrm{dB}$，$c_2/c_1 = -0.5\mathrm{dB}$，$\varphi_1 = 0°$ 以及 $\varphi_2 - \varphi_1 = 180°$）。本节仅考虑 $c_n a_n < 1$ 的情况，所得到的结论同样适用于 $c_n a_n > 1$ 的情况。

1. 干信比与总交叉眼增益中值

本小节通过考察 JSR 与 MTCEG 来分析多源线阵反向交叉眼干扰机的 JSR 取值范围。不同系统参数下，MTCEG 与 JSR 的关系如图 5.3 所示。

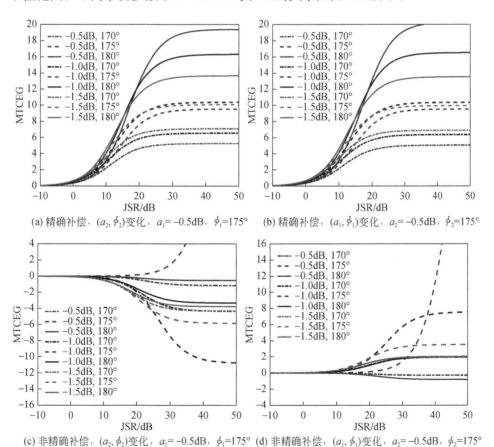

(a) 精确补偿，(a_2, ϕ_2) 变化，$a_1 = -0.5\mathrm{dB}$，$\phi_1 = 175°$　(b) 精确补偿，(a_1, ϕ_1) 变化，$a_2 = -0.5\mathrm{dB}$，$\phi_2 = 175°$

(c) 非精确补偿，(a_2, ϕ_2) 变化，$a_1 = -0.5\mathrm{dB}$，$\phi_1 = 175°$　(d) 非精确补偿，(a_1, ϕ_1) 变化，$a_2 = -0.5\mathrm{dB}$，$\phi_2 = 175°$

图 5.3　不同系统参数下 MTCEG 与 JSR 的关系

由图 5.3 可以看出,MTCEG 随着 JSR 增大而增大,即 MTCEG 是关于 JSR 的单调函数。当干扰环路差被精确补偿后,如图 5.3(a)和(b)所示,MTCEG 随 JSR 单调递增;当干扰环路差未被精确补偿,如图 5.3(c)和(d)所示,MTCEG 随 JSR 单调递增或者单调递减。

对比图 5.3(a)和(b)中的曲线,除了扰环路幅度差 Δc_n 和干扰环路比 F_n 引入的 MTCEG 值不同之外,两者展示着相同的变化趋势。这意味着当干扰环路差中的相位差被精确补偿时,交换内部干扰环路与外部干扰环路的系统参数并不影响交叉眼干扰机的干扰性能。当干扰环路差中的相位差不能被精确补偿时,尤其相差 180°时,如图 5.3(c)和(d)所示,交换内部干扰环路与外部干扰环路的系统参数,MTCEG 不仅幅度发生变化,其符号也会发生改变。

针对精确补偿可得出如下重要结论:对于图例中考虑的系统参数,10dB 的 JSR 就可以使 MTCEG 的幅度大于 1,如图 5.3(a)和(b)所示。幅度大于 1 的 MTCEG 意味着交叉眼干扰机造成的视在目标处于飞机平台的物理范围之外。对于文献[2]提到的 20dB 的 JSR 要求,此时 MTCEG 的幅度大于 4,这说明 20dB 的 JSR 要求对交叉眼干扰机实施有效干扰已足够大。当 JSR>30dB 时,MTCEG 的幅度提高很小,再增大 JSR 已无必要。因此,为实施有效干扰,多源线阵反向交叉眼干扰机的 JSR 推荐使用(10dB,30dB)。

当干扰环路差未被精确补偿时,使 MTCEG 的幅度大于 1 需要更大的 JSR。对于参数为 $a_n = -1$dB 和 $a_n = -1.5$dB 的六种曲线,JSR 至少为 21dB 才能使 MTCEG 的幅度大于 1。对于参数为 $a_n = -1$dB 的三种曲线,尤其是图 5.3(d)中的(-0.5dB,170°)和(-0.5dB,180°)两种曲线,即使 JSR 取到 50dB 也无法使 MTCEG 的幅度大于 1。可见,干扰环路差严重影响了多源线阵反向交叉眼干扰机的性能,这对 JSR 提出了更高的要求。另外,180°的干扰环路相位差使 MTCEG 的符号发生变化,这使得干扰机无法保证 MTCEG 的符号总是正的或者总是负的,意味着干扰机无法将视在目标限定在平台的上方和下方。对于期望得到稳定视在假目标的干扰机,MTCEG 的符号不应发生变化,因此,实际的干扰机系统必须对干扰环路差进行补偿来降低其影响。

不同系统参数下效率因子与 JSR 的关系如图 5.4 所示。效率因子决定着 MECEG 在不同 JSR 值下占隔离交叉眼增益的比例。无论是对干扰环路差的精确补偿还是非精确补偿情况,交换内部干扰环路的系统参数与外部干扰环路的系统参数,效率因子曲线仅存在细微的区别。这是因为当 A_1 与 A_2 互换时,效率因子表达式(5.59)中的项 $\left| \sum_{n=1}^{N/2} C_n (1 + A_n) \right|$ 几乎不会发生变化。曲线中细微的区别是由干扰环路幅度差 $c_2 = -0.5$dB 导致的。

对于精确补偿情况,如图 5.4(a)和(b)所示,当 JSR 大于 30dB 时,对于图例中的系统参数,效率因子都大于 0.9,意味着此时的 MTCEG 非常接近隔离交叉眼增益,即此时平台反射回波的影响很小。对于非精确补偿情况,如图 5.4(c)和(b)所示,JSR 需要达到 37dB 使效率因子大于 0.9,但不包括(−0.5dB,175°)这种参数配置。对于图 5.4(c)和(b)中的(−0.5dB,175°)情况,A_1 与 A_2 相同,两个干扰环路对 MTCEG 的贡献是相同的,当两个干扰环路间存在 180°的相位差时,两者相互抵消,在 JSR 不变的情况下,效率因子比其他系统参数情况下降严重。因此,为使多源线阵反向交叉眼干扰机更具有实用性,必须对干扰环路差进行补偿。

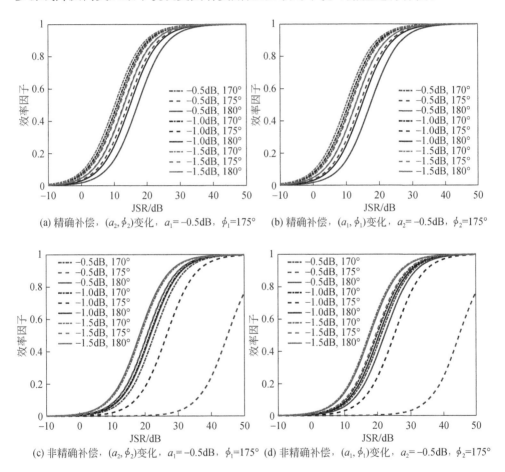

(a) 精确补偿, (a_2, ϕ_2) 变化, $a_1 = -0.5$dB, $\phi_1 = 175°$　(b) 精确补偿, (a_1, ϕ_1) 变化, $a_2 = -0.5$dB, $\phi_2 = 175°$

(c) 非精确补偿, (a_2, ϕ_2) 变化, $a_1 = -0.5$dB, $\phi_1 = 175°$　(d) 非精确补偿, (a_1, ϕ_1) 变化, $a_2 = -0.5$dB, $\phi_2 = 175°$

图 5.4　不同系统参数下效率因子与 JSR 的关系

综上所述,为使多源线阵反向交叉眼干扰机在实际干扰场景下有效,必须对干扰环路差进行补偿,同时建议 JSR 在(10dB,30dB)内。两源反向交叉眼增益与 JSR 的关系如图 5.5 所示。

　　两源反向交叉眼干扰的交叉眼增益的中值由式(5.64)给出。由图5.5可以看出,对于两源反向交叉眼干扰,当JSR大于11.14dB时,其交叉眼增益幅度大于1。对于L-MRCJ,JSR只要大于4.55dB,如图5.3(a)和(b)所示,MTCEG就能大于1。可见,L-MRCJ对JSR要求要比两源反向交叉眼干扰的低。这是由L-MRCJ的多自由度决定的,而多自由度可以使MECEG比两源反向交叉眼干扰的交叉眼增益大。因此,L-MRCJ相对于两源反向交叉眼干扰的一个重要优势是:降低了干扰系统对JSR的需求。

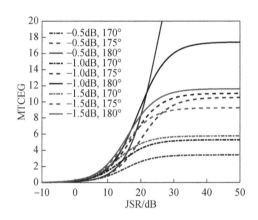

图5.5　两源反向交叉眼增益与JSR的关系

2.干信比与ETCEG

　　不同系统参数下,ETCEG与JSR的关系如图5.6所示。干扰环路差对总交叉眼增益的影响主要体现在影响式(5.29)～式(5.32)中的a～d,其对MTCEG和ETCEG的影响是相同的,因此关于干扰环路差的分析不再赘述。假设干扰环路差被精确补偿($C_n=1$),在该前提下,0.8的干扰环路基线比使得交换A_1和A_2时ETCEG变化很小。因此本小节只考虑(a_2,ϕ_2)取不同值时ETCEG与JSR的关系,$a_1=-0.5$dB,$\phi_1=175°$。由5.6.1节可知,当JSR$=J$时,ETCEG趋于无穷大,为方便观察,图5.6只截取了ETCEG曲线的一部分。

　　对比图5.6(a)和图5.6(b)可以发现,对于所考虑的参数设置情况,总交叉眼增益的最大值总是大于零,并且低至-12dB的JSR即可使ETCEG大于1。总交叉眼增益的最小值在不同JSR条件下符号会发生变化,JSR在10dB附近,最小值变动最大,且其幅度远大于1;JSR在10dB至20dB区间内最小值急剧降低;当JSR$=30$dB时,最小值趋于稳定。因此,在交叉眼干扰机实际应用过程中,JSR应避免选取$J+(ad-bc)^2/[(a^2+b^2)(ac+bd)^2]$(推导见附录C)附近的值,此

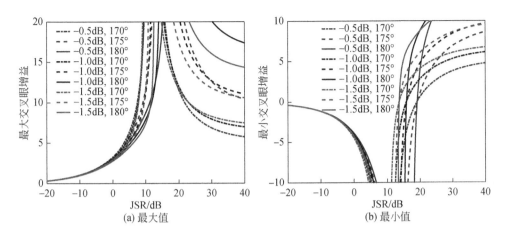

图 5.6　不同系统参数下 ETCEG 与 JSR 的关系

时干扰机要遭受干扰性能不稳定、指示方向不确定等问题的影响。

由图 5.6 可以看出,当 JSR 大于 30dB 时,总交叉眼增益的最大值、最小值趋近于中值,此时交叉眼干扰机的性能更稳定。从这种意义上讲,JSR 大于 30dB 对交叉眼干扰机是有益的,但不现实。为此,可以考虑飞机平台采用隐形技术缩减平台的 RCS 或者干扰机天线采用具有高等效全向辐射功率(effective isotropic radiated power,EIRP)的天线等措施,使 JSR 大于 30dB 的需求成为可能,此时无论飞机平台如何运动,平台反射回波的相位取何值,满足高 JSR 需求的交叉眼干扰机都能够获得稳定的干扰性能。

太高的 JSR 需求远离了提出 L-MRCJ 的初衷。然而,在考虑总交叉眼增益的整个分布特性时,两源反向交叉眼干扰也同样存在上述问题。在同等条件下比较 L-MRCJ 与两源反向交叉眼干扰的优劣,例如当总交叉眼增益取到中值时,L-MRCJ 仍然具有比两源反向交叉眼干扰更低 JSR 需求的优势。

5.6.3　干信比与累积分布函数

为了对总交叉眼增益的累积分布函数有一个直观的理解,本小节将综合考虑总交叉眼增益/单脉冲指示角、JSR 与累积概率的关系。系统参数设置为 $a_1=-0.5\text{dB}$、$\phi_1=175°$、$a_2=-1\text{dB}$,当 ϕ_2 分别取 $170°$ 和 $180°$ 时,不同 JSR、不同单脉冲指示角条件下的累积概率如图 5.7 所示。单脉冲指示角、JSR 及累积概率所在的坐标轴分别标记为 X 轴、Y 轴和 Z 轴。

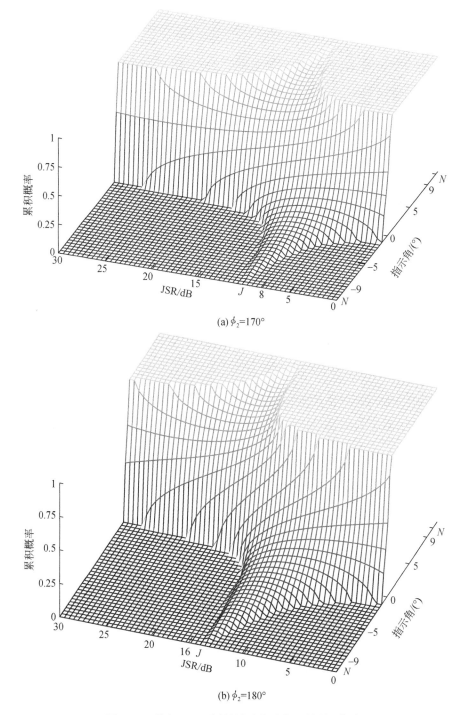

图 5.7　不同 JSR、不同单脉冲指示角下的累积概率

图 5.7 中,累积概率为 0、0.5 和 1 分别对应着总交叉眼增益的最小值、中值和最大值。累积概率取其他值时,总交叉眼增益取到不同的值。例如,0.75 的累积概率对应的总交叉眼增益 $G(0.75)$ 可理解为:在总交叉眼增益的所有值中,有75%的值小于 $G(0.75)$,25%的值大于 $G(0.75)$ 。这就能更好地理解为什么累积概率为 0、0.5 和 1 分别对应着总交叉眼增益的最小值、中值和最大值。

图 5.7(a) 中累积概率为 0、0.5 和 1 的横截面(垂直于 Z 轴)分别对应图 5.6(b)、图 5.3(a) 和图 5.6(a) 中的(-1dB ,$170°$)曲线。$\phi_2 = 180°$ 的情况与此类似。因此,从图 5.7 中可以得到 5.6.1 节和 5.6.2 节中的所有结论。例如,当 JSR$=J$时,总交叉眼增益的最小值和最大值变动最大,致使累积分布函数存在拖尾现象,拖尾可以覆盖到单脉冲雷达天线的零功率波束宽度(由图中 N 标识)。另外,图 5.7(a) 中的 $J=10.5\text{dB}$,而图 5.7(b) 中的 $J=14.5\text{dB}$,可见系统参数越接近理想值,意味着干扰机回波越低,则 J 值越大。

不仅如此,累积分布图还能诠释更多的内容。图 5.7 中垂直于 Y 轴的纵截面解释了特定 JSR 下统计单脉冲指示角的取值范围。图中曲线的梯度越大说明取值范围越小,意味着干扰机性能越稳定。以图 5.7(b) 为例,JSR$=0\text{dB}$、JSR$=10\text{dB}$、JSR$=J$ 以及 JSR$=30\text{dB}$ 对应的垂直于 Y 轴的累积分布纵截面如图 5.8 所示。当JSR$=0\text{dB}$ 时,单脉冲指示角的极限值与中值比较接近,在 $0°$ 附近变化,但此时平台反射回波起主要作用,导致干扰机稳定地失效;当 JSR$=30\text{dB}$ 时,单脉冲指示角的极限值与中值同样比较接近,统计单脉冲指示角在 $3.7°$ 附近变化,此时干扰机回波起主要作用,干扰机在真正意义上稳定有效;当 JSR$=J$ 时,单脉冲指示角的极限值与中值差别较大,在整个零功率波束宽度内变化,干扰机性能不稳定。

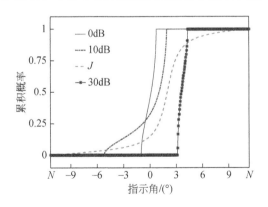

图 5.8　垂直于 Y 轴的累积分布纵截面

图 5.7(b) 中垂直于 X 轴的累积分布纵截面如图 5.9 所示,其解释了不同 JSR

下特定单脉冲指示角与统计交叉眼增益之间的关系。另外,它解释了交叉眼干扰机为获得特定单脉冲指示角所需的 JSR。例如,为获得 0°以上的单脉冲指示角,JSR 要大于 15.7dB,这是因为当 JSR＝15.7dB 时,单脉冲指示角的最小值为 0°。这意味着,为了限定视在假目标在干扰机的同一侧,至少要 15.7dB 的 JSR 才能满足要求。为获得 9°以上的单脉冲指示角,JSR 需要在(14.3～16.7dB)范围内取值,这是因为 JSR 取该区间之外的 JSR 值时,单脉冲指示角的最大值总小于 9°。然而,JSR 取到该区间内的值时,ETCEG 变动最大,因此为获得 9°以上的单脉冲指示角而将 JSR 取在(14.3～16.7dB)内的做法不可取。在系统参数设定为 $a_1 = -0.5\text{dB}$、$\phi_1 = 175°$以及 $a_2 = -1\text{dB}$、$\phi_2 = 180°$的情况下,即使 JSR 取到比 30dB 更大的值,也无法获得 9°以上的单脉冲指示角,除非干扰机优化系统参数。当 JSR 从 10dB 增加到 30dB 时,单脉冲指示角的中值从 1°提高到 3.58°。由于 1°已经可以使视在假目标处于飞机平台的物理范围之外,因此推荐使用 10～30dB 的 JSR。为了避免单脉冲指示角变化剧烈,应选取 JSR 大于 25dB。

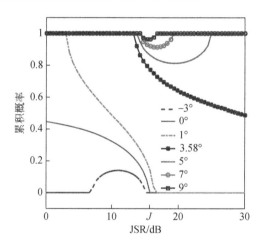

图 5.9　垂直于 X 轴的累积分布纵截面

综上所述,单脉冲指示角、JSR 与累积概率的关系图可以用来考量在平台反射回波影响下多源线阵反向交叉眼干扰机的性能,并为系统参数设置、JSR 取值提供综合参考。

5.6.4　干信比与系统参数容限

第 4 章给出了 L-MRCJ 的容限分析,但并没有考虑平台反射回波对参数容限的影响。当存在平台反射回波时,区别于隔离交叉眼增益的总交叉眼增益不再是单一值,而是受平台回波相位影响的随机变量。本节将考察平台反射回波对参数容限的影响,分 MTCEG 和 ETCEG 两种情况进行分析。

为了体现当存在平台反射回波时干扰环路差对参数容限的影响,本小节使用总交叉眼增益计算测角误差。这种做法虽然忽视了干扰距离对参数容限的影响,但是并不影响 JSR 与参数容限的关系,同时还可以展示总交叉眼增益的符号变化,通过符号变化可以区分总交叉眼增益极限值的最大值和最小值。

本小节的仿真实验均考虑两种干扰环路差补偿情况:精确补偿($c_1 = 0\text{dB}$,$c_2/c_1 = -0.5\text{dB}$ 以及 $\varphi_2 = \varphi_1 = 0°$)和非精确补偿($c_1 = 0\text{dB}$,$c_2/c_1 = -0.5\text{dB}$,$\varphi_1 = 0°$ 以及 $\varphi_2 - \varphi_1 = 180°$)。干扰环路基线比为 $F_n = 0.8$。本小节通过 MTCEG 的等高线图来分析存在平台反射回波时干扰机系统的参数容限。

1. MTCEG 与系统参数容限

当 JSR=15dB 时,MTCEG 的等高线图如图 5.10 所示。Y 轴中 A 标识着不同 JSR 定义的分界点:当 $a_n > A$ 时,JSR 定义为 $(c_n^2 a_n^2)/a_s^2$;当 $a_n \leqslant A$ 时,JSR 定义为 $1/a_s^2$。A 值由 $1/c_n$ 计算得到,对于图 5.10(a)和(c),$A = 0\text{dB}$;对于图 5.10(b)和(d),$A = 0.5\text{dB}$。当 $a_n > A$ 时,为了获得 15dB 的 JSR,干扰机天线增益随着 $c_n^2 a_n^2$ 变化。JSR 定义的不同并没有导致等高线的不连续现象。

从图 5.10 中可以看出,当幅度比 a_n 取不同值时,MTCEG 可正可负。例如,图 5.10(a)中,当 a_1 从 -4dB 变化到 0.5dB 时,MTCEG 为正,当 a_1 从 0.5dB 变化到 4dB 时,MTCEG 为负。MTCEG 的正负决定了视在假目标位于干扰机的上方或下方。然而,对于精确补偿情况,负 MTCEG 的绝对值总是小于或等于正 MTCEG,从造成被干扰雷达更大的测角误差的角度考虑,正 MTCEG 更适合交叉眼干扰机。同时,正 MTCEG 意味着 a_n 总是小于 A,此时 JSR 定义为 $1/a_s^2$,不受系统参数影响,其好处在于干扰机不需要根据系统参数变化对天线增益进行调制,在实际应用中更容易操作。因此,在搭建多源反向线性干扰机时,建议将系统参数的幅度比 a_n 赋予小于 0dB 的值,这意味着从天线 n 发射的干扰信号幅度总是大于从天线 $N/2 + n$ 发射的干扰信号幅度。

对于精确补偿情况,当 JSR=15dB 时,干扰机系统的参数容限比较宽松。例如,图 5.10(a)中,保证正 MTCEG 大于 5 的参数容限约为:0~5.8dB 的幅度比容限和 161.2°~198.8°的相位差容限。对比图 5.10(a)和图 5.10(b)发现,(a_1, ϕ_1) 和 (a_2, ϕ_2) 的差别很小,这是因为 0.8 的干扰环路差使 MTCEG 在交换参数 A_1 和 A_2 时变化很小。可见,对于精确补偿情况,即使考虑了平台反射回波,干扰环路基线比对参数容限的影响也不会发生改变。

对于非精确补偿情况,如图 5.10(c)和图 5.10(d)所示,最大的 MTCEG 幅度不超过 1。这是因为 180°的干扰环路相位差使得两个干扰环路的干扰信号在单脉冲雷达的和、差通道相互抵消,使得干扰机总回波几乎为零,这使得干扰机几乎失效并极有可能成为信标机。0.8 的干扰环路基线比使得干扰机回波中的差通道回波不会被完全抵消掉。对于非精确补偿情况,干扰环路基线比越小,干扰机通道回波被抵消得越少,对干扰机越有利。另外,对比图 5.10(c)和图 5.10(d)发现,交换参数 A_1 和 A_2 时 MTCEG 的符号发生改变,而交叉眼干扰机希望视在假目标固定在干扰机的某一侧,因此非精确补偿不具备实用性,干扰环路差必须被精确补偿掉。

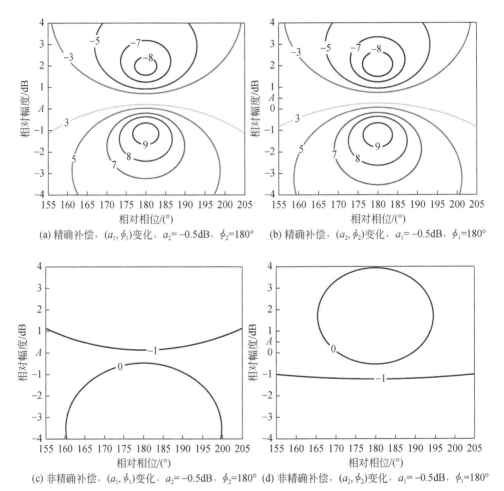

(a) 精确补偿,(a_1, ϕ_1)变化,$a_2 = -0.5\text{dB}$,$\phi_2 = 180°$　　(b) 精确补偿,(a_2, ϕ_2)变化,$a_1 = -0.5\text{dB}$,$\phi_1 = 180°$

(c) 非精确补偿,(a_1, ϕ_1)变化,$a_2 = -0.5\text{dB}$,$\phi_2 = 180°$　(d) 非精确补偿,(a_2, ϕ_2)变化,$a_1 = -0.5\text{dB}$,$\phi_1 = 180°$

图 5.10　JSR = 15dB 时的 MTCEG 等高线图

当 JSR=20dB 时,MTCEG 的等高线图如图 5.11 所示。由 JSR=15dB 分析

得到的结论同样适用于 JSR＝20dB 的情况。此外,对比图 5.10 和图 5.11 可得到新的结论:JSR 值决定着干扰机能否得到特定幅度的 MTCEG,同时决定着干扰机系统的参数容限。例如,对于精确补偿情况,20dB 的 JSR 可以使干扰机获得无穷大的 MTCEG,而 15dB 的 JSR 却不能。同时,图 5.11(a)中 MTCEG 为 7 的等高线要比图 5.10(a)中相应的等高线大得多,这意味着 JSR 越大,干扰机的参数容限越宽松。对于非精确补偿情况,同样可以得到类似的结论。

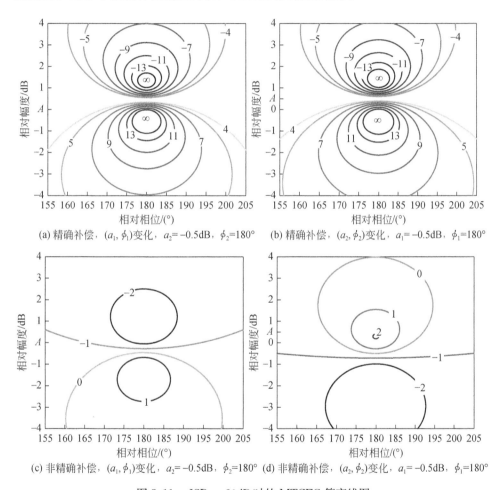

(a) 精确补偿, (a_1, ϕ_1)变化, $a_2=-0.5$dB, $\phi_2=180°$

(b) 精确补偿, (a_2, ϕ_2)变化, $a_1=-0.5$dB, $\phi_1=180°$

(c) 非精确补偿, (a_1, ϕ_1)变化, $a_2=-0.5$dB, $\phi_2=180°$

(d) 非精确补偿, (a_2, ϕ_2)变化, $a_1=-0.5$dB, $\phi_1=180°$

图 5.11 JSR ＝ 20dB 时的 MTCEG 等高线图

为进一步考察平台反射回波对多源线阵反向交叉眼干扰机参数容限的影响,需要将上述结果与隔离平台反射回波时多源线阵反向交叉眼干扰机的参数容限进行比较。由于干扰环路差对隔离条件下的干扰机参数容限的影响已在 4.5.4 节分析过,本节仅考虑精确补偿的情况,对非精确补偿情况不再赘述。当其他参数不变时,隔离平台反射回波时 MTCEG 的等高线图如图 5.12 所示。

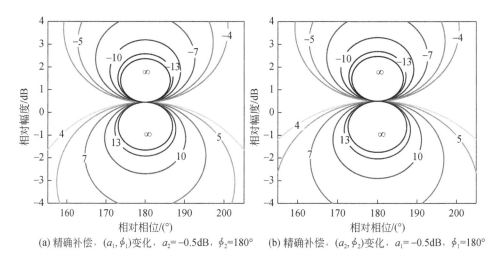

(a) 精确补偿,(a_1,ϕ_1)变化,$a_2=-0.5\text{dB}$,$\phi_2=180°$　　(b) 精确补偿,(a_2,ϕ_2)变化,$a_1=-0.5\text{dB}$,$\phi_1=180°$

图 5.12　隔离平台反射回波时 MTCEG 的等高线图

对比图 5.12 和图 5.10 可以看出,隔离条件下交叉眼干扰机总是可以获得无穷大的 MTCEG,而考虑平台反射回波(JSR=15dB)时的交叉眼干扰机却不能。尽管当 JSR 提高到 20dB 时干扰机可以获得无穷大的 MTCEG,如图 5.11 所示,但其等高线明显要小于隔离条件下的等高线。因此,平台反射回波扮演了信标的角色,抵消了交叉眼干扰机的作用,降低了干扰机所能获得的交叉眼增益。JSR 越小,该抵消作用越明显;JSR 越大,干扰机的性能越趋近于隔离条件下的性能。

根据第 4 章的结论,L-MRCJ 相比 TRCJ 在参数容限上表现得更有优势。当考虑平台反射回波时,该结论同样成立。TRCJ 的 MTCEG 等高线图如图 5.13 所示。从图中可以看出,无论 JSR 取 15dB 还是 20dB,干扰环路差精确补偿后的 L-MRCJ 都可以获得相比 TRCJ 更大的 MTCEG,以及更宽松的参数容限。然而,当干扰环路差未能被精确补偿时,L-MRCJ 的性能反而不如 TRCJ,这是由于 180° 的干扰环路相位差使两路干扰环路产生抵消作用。结果再次表明,干扰环路差严重影响了 L-MRCJ 的性能。

2. ETCEG 与系统参数容限

本小节仅考虑干扰环路差精确补偿的情况,(a_1,ϕ_1)变化,$a_2=-0.5\text{dB}$,$\phi_2=180°$。(a_1,ϕ_1)的变化范围分别为 $-10\sim10\text{dB}$ 和 $120°\sim240°$。当 JSR 分别取 10dB 和 15dB 时,ETCEG 的等高线图如图 5.14 所示。

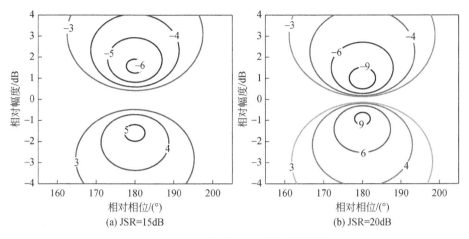

(a) JSR=15dB

(b) JSR=20dB

图 5.13　TRCJ 的 MTCEG 等高线图

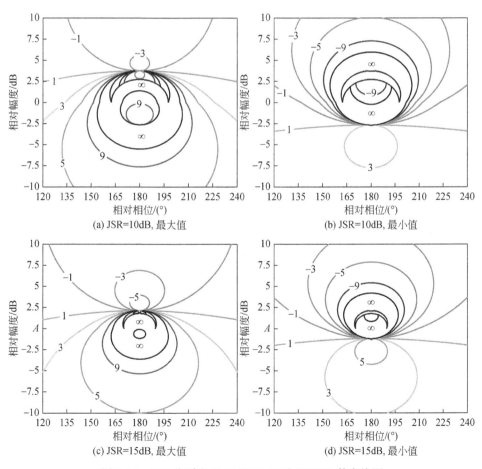

(a) JSR=10dB, 最大值

(b) JSR=10dB, 最小值

(c) JSR=15dB, 最大值

(d) JSR=15dB, 最小值

图 5.14　JSR 分别取 10dB 和 15dB 时 ETCEG 等高线图

由图 5.14 可以看出,JSR 定义的不同对 ETCEG 影响较大,当幅度比取为 A 值附近时,等高线的变化趋势明显。实际上,JSR 定义的不同导致 ETCEG 表达式的不同,进而改变等高线的变化趋势。对比图 5.14(a) 和图 5.14(c) 可以看出,特定的 ETCEG 取值越大,等高线的变化趋势越不明显。另外,无论 JSR=10dB 还是 JSR=15dB,总交叉眼增益的最大值和最小值都可以获得无穷大的交叉眼增益,而相应 JSR 条件下,MTCEG 无法获得无穷大的交叉眼增益。这说明 ETCEG 中的最大值和最小值界定了总交叉眼增益的边界,受平台回波随机相位的影响,ETCEG 仍能够使单脉冲雷达失锁,但不稳定。

ETCEG 等高线存在等高线紊乱现象,在无穷大的等高线内部存在一个特殊"月牙"区域,在其等高线上及其内部可以得到任意大小的总交叉眼增益。对于最大值和最小值情况,该"月牙"区域面积相同,随着 JSR 的提高,其面积减小。对于 JSR=10dB 的情况,"月牙"区域出现在 0~3.75dB、162°~198° 的参数取值区间,当系统参数(a_1, ϕ_1) 在上述区间变化时,"月牙"等高线上的系统参数所对应的 J 值(使 ETCEG 发生较大变动的 JSR 值)正好处于 10dB 附近,因此,10dB 的 JSR 取值造成了 ETCEG 发生较大变动。该现象也可以用总交叉眼增益的累积分布函数来解释,"月牙"区域实际上对应着累积分布函数的拖尾,ETCEG 中的最大值对应着累积分布函数中正值拖尾,而最小值对应着负值拖尾。

对比图 5.14(a) 和(c) 可以看出,当提高 JSR 时,"月牙"区域将会缩小,这是因为此时系统参数取值只有在较小的范围内才能获得与特定 JSR 对应的 J 值。在"月牙"区域,干扰机的性能极其不稳定,为避免这种情况,需大幅提高 JSR 并缩小"月牙"区域,以使 ETCEG 避开变动较大的 J 值。根据小节 5.6.3 中的结论,当 JSR 大于 25dB 时,ETCEG 可以避开变化较大的 J 值。当 JSR=30dB 时,ETCEG 的等高线图如图 5.15 所示。

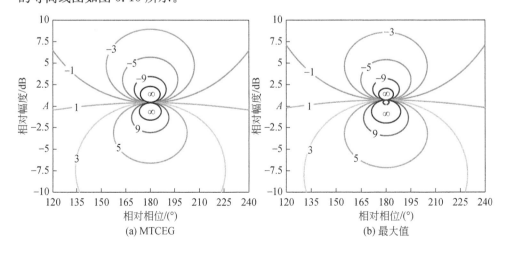

(a) MTCEG　　　　　　　　　　　　　(b) 最大值

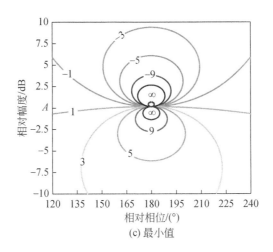

(c) 最小值

图 5.15　JSR＝30dB 时 MTCEG 和 ETCEG 的等高线图

从图 5.15 中可以看出,当 JSR 提高到 30dB 时,等高线紊乱现象和"月牙"区域消失。另外,ETCEG 中最大值和最小值的等高线图与 MTCEG 差别很小,这是因为当 JSR＝30dB 时通道回波中干扰机回波起主导作用,致使总交叉眼增益的最大值、最小值趋近于中值。因此,当存在平台反射回波时,交叉眼干扰机为获得稳定的干扰性能必须牺牲干扰功率。

5.6.5　干扰环路差的补偿精度

干扰环路差严重影响了多源线阵反向交叉眼干扰机的性能,因此交叉眼干扰机必须对其进行补偿来削弱或消除影响。4.5.4 节详细讨论了干扰环路差的影响,本小节旨在分析干扰环路差的补偿精度问题。考虑 JSR＝30dB 以及总交叉眼增益取中值的情况。以 $C_1＝1$ 为基准,不同系统参数下的 MTCEG 等高线图如图 5.16 所示。图中 C 用来界定当干扰环路幅度差取不同值时不同的 JSR 定义。

当干扰机两个干扰环路取相同参数(－0.5dB,180°)时,应避免干扰环路相位差为 180°的情况。从图 5.16(a)中可以看出,当干扰环路相位差为 180°时,尤其当干扰环路幅度差取在 0～2dB 附近时,MTCEG 趋近于 0,导致交叉眼干扰机失效。然而,干扰机没有必要将干扰环路差进行十分精确的补偿。只要将干扰环路差处补偿到 140°之内都可以使交叉眼干扰机获得无穷大的 MTCEG。可见,对干扰环路相位差补偿精度的要求十分宽松。当干扰环路相位差处于 140°～220°时,干扰环路幅度差补偿得越精确干扰机越容易失效,这是因为在干扰环路相位差补偿不好的情况下,精确补偿的干扰环路幅度差使两个干扰环路相互抵消。因此,在补偿干扰环路差时,应首先补偿干扰环路相位差,然后适当地补偿干扰环路幅度差。

　　然而,当干扰机两个干扰环路取不同的系统参数时,如图 5.16(b)所示,干扰环路差的补偿规律变得不规则。这意味着只要更改系统参数,干扰环路差的补偿精度就会发生改变。尽管如此,将干扰环路相位差朝着 0°的方向进行补偿,始终可以获得较好的干扰性能。

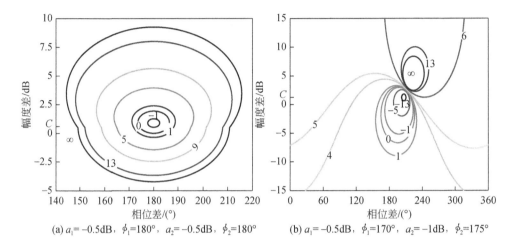

(a) $a_1 = -0.5$dB, $\phi_1 = 180°$, $a_2 = -0.5$dB, $\phi_2 = 180°$　　(b) $a_1 = -0.5$dB, $\phi_1 = 170°$, $a_2 = -1$dB, $\phi_2 = 175°$

图 5.16　不同系统参数下的 MTCEG 等高线图

5.7　本 章 小 结

　　本章重点分析了平台反射回波对 L-MRCJ 的影响,该影响主要体现在总交叉眼增益与 JSR 的关系上。首先,对平台反射回波进行了建模,推导了存在平台反射回波时的单脉冲雷达的总通道回波、总单脉冲比以及总交叉眼增益;其次,考虑总交叉眼增益的分布特性,假设平台反射回波的相位符合均匀分布,推导了总交叉眼增益的累积分布函数,通过累计分布函数,推导得到 MTCEG 和 ETCEG,界定了总交叉眼增益的取值范围;然后,给出了 L-MRCJ 的 JSR 的定义,以及 JSR 与总交叉眼增益的关系式;最后,为了更清楚地展示平台反射回波对 L-MRCJ 的影响,设计了五个仿真实验,通过仿真实验讨论了 JSR 与总交叉眼增益的关系、分析了 JSR 对参数容限的影响等。通过仿真实验结果分析,本章得出以下结论。

　　(1)平台扮演着信标机的角色,削弱了交叉眼干扰机的作用。

　　(2)L-MRCJ 的 JSR 需求比两源反向交叉眼干扰的低。

　　(3)ETCEG 会随着 JSR 的变化发生较大的变动,而 MTCEG 不会。

（4）仅考虑 MTCEG 时，10～30dB 的 JSR 取值范围是合理的。综合考虑总交叉眼增益的累积分布时，JSR 应避开使其极限值发生较大变动的取值区间。

（5）当 JSR 大于 30dB 时，ETCEG 趋近于 MTCEG，此时交叉眼干扰机可以获得稳定的干扰性能。缩减平台 RCS 或采用具有高等效全向辐射功率的干扰机天线可以提高 L-MRCJ 获取大 JSR 的能力。

（6）JSR 决定了 L-MRCJ 能否获得特定的总交叉眼增益，也决定了干扰机系统的参数容限。

（7）干扰环路差的补偿精度并不十分苛刻，而精确补偿干扰环路相位差总能获得较好的干扰性能。

参 考 文 献

[1] Tucker T W，Vidger B．Cross-eye jamming effectiveness[EB/OL]．https://citeseerx．ist．psu．edu/viewdoc/download? doi=10．1．1．507．516&rep=rep1&type=pdf[2023-06-22]．

[2] Neri F．Introduction to Electronic Defense Systems[M]．Norwood：Artech House，1991．

[3] Schleher D C．Electronic Warfare in the Information Age[M]．Norwood：Artech House，1999．

[4] Adamy D L．EW 101：A First Course in Electronic Warfare[M]．Norwood：Artech House，2001．

[5] Sherman S M．Complex indicated angles applied to unresolved radar targets and multipath [J]．IEEE Transactions on Aerospace and Electronic Systems，1971，7(1)：160-170．

[6] Stratakos Y，Geroulis G，Uzunoglu N．Analysis of glint phenomenon in a monopulse radar in the presence of skin echo and non-ideal interferometer echo signals[J]．Journal of Electromagnetic Waves and Applications，2005，19：697-711．

[7] Redmill P E．The principles of artificial glint jamming ("cross-eye")[R]．Royal Aircraft Establishment，Technical Note，AD336943，1963．

[8] du Plessis W P．Platform skin return and retrodirective cross-eye jamming[J]．IEEE Transactions on Aerospace and Electronic Systems，2012，48(1)：490-501．

[9] du Plessis W P．Statistical skin-return results for retrodirective cross-eye jamming[J]．IEEE Transactions on Aerospace and Electronic Systems，2019，55(5)：2581-2591．

第6章 多源圆阵反向交叉眼干扰的数学模型和性能分析

6.1 引　言

传统两源交叉眼干扰的实用化进程不仅受限于苛刻的参数容限和较高的 JSR 等条件,还受困于平台的复杂运动导致干扰性能剧烈变化的难题。平台的复杂运动在单一水平/俯仰角平面内可以分解为径向运动和转动,其中径向运动会引入干扰环路差,而转动会改变平台所张的立体角大小。假设干扰环路差被精确补偿,本章只考虑平台的转动。平台转动对传统两源交叉眼干扰和 L-MRCJ 的干扰性能都会产生影响。在对 L-MRCJ 进行数学建模和性能分析的过程中,假设平台以某个固定的角度相对静止地面对单脉冲导引头。实际上,当单脉冲雷达出现在 L-MRCJ 天线阵列的端射方向时,即干扰机转角 $\theta_c = \pm 90°$,此时 L-MRCJ 引起的测角误差为零,干扰失效。为获得良好的干扰性能,L-MRCJ 应将天线阵列的法线方向在一定角度范围内实时对准单脉冲雷达。对于运动的飞机和舰船,实时校准干扰机天线指向具有一定的难度和不可操作性。这也是"台风"战斗机的 DASS 干扰吊舱将交叉眼干扰和拖曳式诱饵组合使用来实现对"台风"战斗机全方位保护的原因[1]。

为了使平台能够应对来自角平面 360° 内任何角度下的潜在威胁,提供全方位持续的角度欺骗干扰,Neri 最早提出了开关方法[2],利用多个相互独立的干扰环路覆盖整个角平面,通断不同的干扰环路应对来自不同方向的威胁。然而,开关方法中每个独立的干扰环路仍是一个两源交叉眼干扰环路,不具备 MRCJ 的多自由度优势,其实用化仍然受限于苛刻的参数容限和较高的 JSR。

考虑到圆形反向天线阵列可以覆盖整个角平面[3],本章提出了多源圆阵反向交叉眼干扰(multiple-element circular retrodirective cross-eye jamming,C-MRCJ)。区别于 Neri 的开关方法,C-MRCJ 的多个干扰环路同时工作,在具备全方位持续干扰潜力的同时,兼顾了 MRCJ 多自由度的优势。L-MRCJ 和 C-MRCJ 的天线结构如图 6.1 所示。相比 L-MRCJ,C-MRCJ 的多个干扰环路拥有不同的转角,因此 C-MRCJ 能够干扰来自不同方向上的单脉冲雷达。然而,C-MRCJ 同样存在测角误差为零致使干扰失效的情况。其根本原因是:随着平台的转动,不同的干扰环路对单脉冲雷达差通道回波的贡献是不同的,或正或负。因此,总存在着特定的干扰机转角,使得多个干扰环路对差通道回波的贡献相互抵消。

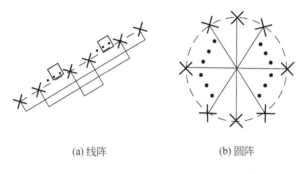

(a) 线阵　　　　　　　　　　　(b) 圆阵

图 6.1　L-MRCJ 和 C-MRCJ 的天线结构

　　为实现全方位持续的干扰性能,本章提出了基于 DOA 信息参数调制方向自适应调制的改进型 C-MRCJ。在定义参数调制方向后,改进型 C-MRCJ 通过 DOA 信息调整相应干扰环路的参数调制方向,使得各个干扰环路对差通道回波提供相同的贡献,达到类似"同相相加"的目的。在实际作战场景中,DOA 信息可以由导弹来袭预警给出,甚至在时间允许的条件下,C-MRCJ 可以自行利用圆阵天线进行 DOA 估计[4-6]。此时,在任意的干扰机转角下,改进型 C-MRCJ 引入的测角误差都不为零。在实现全方位持续干扰性能的同时,改进型 C-MRCJ 利用特殊的天线结构,可以获得全方位稳健的干扰性能。全方位持续稳健的干扰性能的物理意义在于干扰机能够产生一个持续存在的、被限定在平台某一侧的、位置稳定的视在假目标,这对处于战斗场景中的运动平台具有重要意义。目前,Liu 等提出了类似于 C-MRCJ 的四阵元旋转交叉眼干扰方案[7]。实际上,四阵元旋转交叉眼干扰可以被看作 C-MRCJ 的一种特例,因为矩形阵列结构总能由圆形阵列结构简化得到。然而,Liu 等仅给出了四阵元旋转交叉眼干扰的初步性能分析,没有推导交叉眼增益这一重要性能指标,因此 Liu 等的分析不具备普适性。

　　本章将对 C-MRCJ 进行全面的数学推导和性能分析,在建立 C-MRCJ 数学模型的基础上,对其干扰性能进行深入研究。本章内容安排如下:6.2 节提出并推导 C-MRCJ 的数学模型,在给出干扰场景和定义参数调制方向的基础上,推导 C-MRCJ 的单脉冲比和交叉眼增益;6.3 节提出基于 DOA 信息的改进型 C-MRCJ,给出参数调制方向自适应调整的方案,以及改进型 C-MRCJ 的工作流程图;6.4 节给出求解参数容限时与 L-MRCJ 的不同之处;6.5 节通过仿真实验对比 C-MRCJ 与 L-MRCJ 在干扰性能上的异同,验证改进型 C-MRCJ 能够实现 360°全方位持续稳健的干扰性能,给出改进型 C-MRCJ 的最优天线结构及其干扰天线阵元数目,并从参数容限的角度分析改进型 C-MRCJ 的优势。6.6 节对本章内容进行总结。

6.2　C-MRCJ 的数学模型

6.2.1　干扰场景描述

在不考虑平台反射回波的条件下,C-MRCJ 对抗比相和差单脉冲雷达的干扰场景如图 6.2 所示。C-MRCJ 由 n 个干扰环路组成,干扰机的天线阵元由十字叉表示,其中干扰环路 n 由阵元 n 和 $N/2+n$ 构成。比相和差单脉冲雷达的天线相位中心由圆圈表示,实心方框代表的飞机/舰船等平台处于干扰机天线阵列的圆心位置,干扰环路的基线长度为该圆阵的直径。

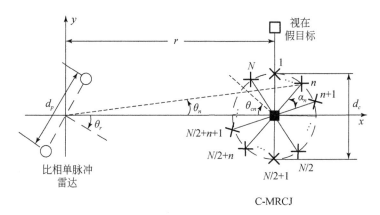

图 6.2　C-MRCJ 对抗比相和差单脉冲雷达的干扰场景

干扰场景中的参数定义如下。

(1) r 为干扰距离。

(2) d_p 为比相单脉冲雷达天线孔径长度。

(3) θ_r 为雷达视轴相对于干扰机中心的转角,即雷达转角。

(4) d_c 为圆阵的直径,即干扰环路的基线长度。

(5) θ_{cn} 为干扰环路 n 相对于雷达的转角。

(6) θ_n 为干扰环路 n 相对于雷达的半张角。

(7) α_n 为干扰环路 n 与 $n+1$ 之间的夹角。

根据几何结构,干扰环路 n 相对于雷达的半张角为

$$\tan(\theta_n) = \frac{d_c/2\cos(\theta_{cn})}{r \pm d_c/2\sin(\theta_{cn})} \tag{6.1}$$

$$\theta_n \approx \frac{d_c\cos(\theta_{cn})}{2r} \tag{6.2}$$

在已知干扰环路 n 相对于雷达转角的前提下,干扰环路 $n+1$ 相对于雷达的转角由下式给出:

$$\theta_{cn+1} = \theta_{cn} + \alpha_n \tag{6.3}$$

6.2.2　单脉冲比和交叉眼增益的数学推导

类似于 L-MRCJ,通过推导单脉冲雷达的和、差通道回波,并用和通道回波归一化差通道回波得到单脉冲比。

根据干扰场景,雷达到干扰环路 n 的上下两个天线阵元相对于雷达视线的角度分别为 $\theta_r \pm \theta_n$,则单脉冲雷达在方向 $\theta_r \pm \theta_n$ 上的归一化和通道、差通道增益分别为

$$S_{t,b} = \cos\left[\beta\frac{d_p}{2}\sin(\theta_r \pm \theta_n)\right]P_r(\theta_r \pm \theta_n) \tag{6.4}$$

$$D_{t,b} = j\sin\left[\beta\frac{d_p}{2}\sin(\theta_r \pm \theta_n)\right]P_r(\theta_r \pm \theta_n) \tag{6.5}$$

式中,P_r 为雷达天线波束;$P_r(\theta_r \pm \theta_n)$ 为雷达天线在 $\theta_r \pm \theta_n$ 方向上的波束增益;β 为自由空间相位常数。

同 L-MRCJ 一样,在推导单脉冲比的过程中,不考虑同一干扰环路内部的幅度衰减和相移,而不同干扰环路间的干扰环路差不能忽略。用 $C_n = c_n e^{j\varphi_n}$ 来表示干扰环路差,其中 c_n 为干扰环路幅度差,φ_n 为干扰环路相位差。

假设干扰环路中进行 $A_n = a_n e^{j\phi_n}$ 的参数调制,其中 a_n 为幅度比、ϕ_n 为相位差。在推导 C-MRCJ 的和通道、差通道回波之前,将干扰环路中存在参数调制的干扰信号传输方向定义为干扰环路的参数调制方向,如图 6.3 所示,由 A 到 B 的信号传输方向为该干扰环路的参数调制方向。同时定义正调制方向和逆调制方向:当干扰环路由上方天线阵元到下方天线阵元进行参数调制时,参数调制方向为正调制方向,反之为逆调制方向。对于图 6.3 中的参数调制方向,当天线 A 处于雷达与干扰机连线的上方时,由 A 到 B 的信号传输方向为正调制方向;当天线 A 处于连线下方时,由 A 到 B 的信号传输方向为逆调制方向。当平台发生转动时,干扰环路的参数调制方向的正逆取决于该环路天线的位置。对于正调制方向,干扰环路 n 对应的和、差通道回波分别为

$$S_{Jn} = j\frac{1}{2}P_n(1+A_n)\left[\cos(2k_{sn}) + \cos(2k_{cn})\right] \tag{6.6}$$

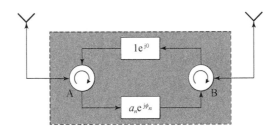

图 6.3　干扰环路的参数调制方向

$$D_{Jn} = \mathrm{j}\,\frac{1}{2}P_n\left[(1+A_n)\sin(2k_{sn}) + (1-A_n)\sin(2k_{cn})\right] \tag{6.7}$$

式中

$$P_n = P_r(\theta_r - \theta_n)\,P_c(\theta_{cn} - \theta_n)\,P_r(\theta_r + \theta_n)\,P_c(\theta_{cn} + \theta_n) \tag{6.8}$$

$$k_{sn} = \beta\frac{d_p}{2}\sin(\theta_r)\cos(\theta_n) \tag{6.9}$$

$$k_{cn} = \beta\frac{d_p}{2}\cos(\theta_r)\sin(\theta_n) \tag{6.10}$$

对于逆调制方向,干扰环路 n 对应的和通道、差通道回波分别为

$$S_{Jn} = \mathrm{j}\,\frac{1}{2}P_n(A_n+1)\left[\cos(2k_{sn}) + \cos(2k_{cn})\right] \tag{6.11}$$

$$D_{Jn} = \mathrm{j}\,\frac{1}{2}P_n\left[(A_n+1)\sin(2k_{sn}) + (A_n-1)\sin(2k_{cn})\right] \tag{6.12}$$

用 I_n 表示干扰环路 n 的调制方向, $I_n=1$ 和 $I_n=-1$ 分别对应正调制方向和逆调制方向,则单脉冲雷达总的和通道、差通道回波分别为

$$S_{Jn} = \frac{1}{2}\sum_{n=1}^{N/2}C_n P_n(1+A_n)\left[\cos(2k_{sn}) + \cos(2k_{cn})\right] \tag{6.13}$$

$$D_{Jn} = \mathrm{j}\,\frac{1}{2}\sum_{n=1}^{N/2}C_n P_n\left[(1+A_n)\sin(2k_{sn}) + I_n(1-A_n)\sin(2k_{cn})\right] \tag{6.14}$$

精确的单脉冲处理器利用和通道回波对差通道回波进行归一化,并取其虚部,得到单脉冲比为

$$M_J = \Im\left(\frac{D_J}{S_J}\right)$$

$$\approx \Re\left\{\frac{\displaystyle\sum_{n=1}^{N/2}C_n P_n\left[(1+A_n)\sin(2k_{sn}) + I_n(1-A_n)\sin(2k_{cn})\right]}{\displaystyle\sum_{n=1}^{N/2}C_n P_n(1+A_n)\left[\cos(2k_{sn}) + \cos(2k_{cn})\right]}\right\}$$

$$\tag{6.15}$$

干扰环路 n 的半张角 θ_n 很小,因此可进行以下近似:

$$P_n \approx P_r^2(\theta_r) P_c^2(\theta_{cn}) \tag{6.16}$$

$$k_{sn} \approx \beta \frac{d_p}{2} \sin(\theta_r) \tag{6.17}$$

式(6.17)可进一步定义为

$$k_{sn} = k \tag{6.18}$$

$$k_{cn} \approx \beta \frac{d_p}{2} \cos(\theta_r) \theta_n$$

$$\approx \beta \frac{d_p}{2} \cos(\theta_r) \frac{d_c}{2r} \cos(\theta_{cn})$$

$$\approx k_c \cos(\theta_{cn}) \tag{6.19}$$

式中

$$k_c = \beta \frac{d_p}{2} \cos(\theta_r) \frac{d_c}{2r} \tag{6.20}$$

因此,式(6.15)中的单脉冲比可化简为

$$M_J \approx \tan(k) + \frac{2k_c}{\cos(2k)+1} \Re \left[\frac{\sum_{n=1}^{N/2} C_n P_c^2(\theta_{cn}) I_n (1-A_n) \cos(\theta_{cn})}{\sum_{n=1}^{N/2} C_n P_c^2(\theta_{cn}) (1+A_n)} \right] \tag{6.21}$$

式中

$$\cos(2k_{cn}) \approx 1 \tag{6.22}$$

$$\sin(2k_{cn}) \approx 2k_{cn} \tag{6.23}$$

$$\tan(k) = \frac{\sin(2k)}{\cos(2k)+1} \tag{6.24}$$

在化简过程中会用到。

式(6.21)中

$$G_c = \Re \left[\frac{\sum_{n=1}^{N/2} C_n P_c^2(\theta_{cn}) I_n (1-A_n) \cos(\theta_{cn})}{\sum_{n=1}^{N/2} C_n P_c^2(\theta_{cn}) (1+A_n)} \right] \tag{6.25}$$

为 C-MRCJ 的交叉眼增益。然而,真正意义上的交叉眼增益只与干扰机系统参数 A_n 及其调制方向 I_n 有关,而式(6.25)中存在除系统参数之外的变量 $P_c(\theta_{cn})$ 和 $\cos(\theta_{cn})$,因此该交叉眼增益并不是真正意义上的交叉眼增益。式(6.25)中 G_c 之所以被称为交叉眼增益,是因为它仍具备表征干扰机造成单脉冲雷达的测角误差的能力。

在实际交叉眼干扰机系统中,干扰机天线波束影响交叉眼增益以及测角误差

是不希望出现的,这是因为当威胁雷达出现在某个干扰环路天线的波数零方向时会导致该干扰环路失效。尽管此时 C-MRCJ 仍能够获得一定的测角误差,但干扰机系统不希望由系统内部的原因降低干扰性能。为此,在各个方向具有相同天线增益的全向天线更适合 C-MRCJ,其以高功率需求为代价来保证 C-MRCJ 在全方位角度范围内实现稳定工作。对于采用全向天线的 C-MRCJ,式(6.25)中的交叉眼增益改写为

$$G_c = \Re \left[\frac{\sum_{n=1}^{N/2} C_n I_n (1 - A_n) \cos(\theta_{cn})}{\sum_{n=1}^{N/2} C_n (1 + A_n)} \right] \tag{6.26}$$

将式(6.25)代入式(6.21),则单脉冲比可改写为

$$M_J \approx \tan(k) + \frac{2k_c}{\cos(2k) + 1} G_c \tag{6.27}$$

单脉冲指示角 θ_i 由下式计算得到:

$$M_J = \tan \left[\beta \frac{d_p}{2} \sin(\theta_i) \right] \tag{6.28}$$

由式(6.27)可以看出,引入测角误差的项 $\dfrac{2k_c}{\cos(2k) + 1} G_c$ 与 k_c 和 G_c 有关。k_c 是由圆形天线阵列的直径决定的,当干扰机天线结构确定后,k 和 k_c 均可视为常数。因此,对于 C-MRCJ,影响测角误差的因素主要为交叉眼增益 G_c。

6.3　基于 DOA 信息的改进型 C-MRCJ

6.1 节提到,当单脉冲雷达出现在 L-MRCJ 天线阵列的端射方向时,LMRCJ 造成单脉冲雷达的测角误差为零。需要明确的是,虽然 C-MRCJ 存在多个覆盖 360°范围的干扰环路,但在特定角度下,C-MRCJ 造成单脉冲雷达的测角误差仍有可能等于零。这是因为在调制方向、系统参数和干扰环路转角共同作用下,交叉眼增益的分子 $\sum_{n=1}^{N/2} C_n I_n (1 - A_n) \cos(\theta_{cn}) = 0$。因此,C-MRCJ 并不能直接实现全方位持续干扰。

假设 C-MRCJ 采用六阵元,且干扰环路间的角度间隔任意设置,如图 6.4 所示,其中箭头代表参数调制方向。根据参数调制方向的定义,干扰环路 1 和 2 为正调制方向,干扰环路 3 为逆调制方向。因此,干扰环路 3 会与干扰环路 1 和 2 相互抵消,致使 C-MRCJ 的总差通道回波在特定角度下被完全抵消,导致单脉冲指示角为零。

为对单脉冲雷达形成持续的交叉眼干扰,本节提出了基于 DOA 信息参数调

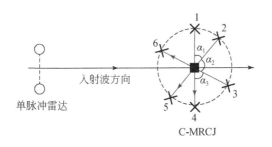

图 6.4　六阵元 C-MRCJ 结构图与参数调制方向示意

制方向自适应调制的改进型 C-MRCJ。改进型 C-MRCJ 首先根据导弹来袭预警获得单脉冲雷达的 DOA 信息,确定各个干扰环路的参数调制方向为正调制方向或逆调制方向,根据视在假目标的位置调整相应干扰环路的调制方向,从而使各个环路的差通道回波能够相互叠加,获得持续干扰性能。以图 6.4 为例,当 DOA 值位于天线 5 和 6 之间的夹角时,可以调整干扰环路 3 的逆调制方向为正调制方向,使视在假目标位于被保护平台的上方,或者调整干扰环路 1 和 2 的正调制方向为逆调制方向,使视在假目标位于被保护平台的下方。当 DOA 处于其他角度时,为获得位于被保护平台上方的视在假目标,按表 6.1 的方式调整各个干扰环路的调制方向。表中,I'_n 表示调整后的干扰环路 n 的参数调制方向,$I'_n = \mp 1$ 表示是否对参数调制方向进行调整,$I'_n = -1$ 时进行调整。

表 6.1　改进型 C-MRCJ 参数调制方向的调整细节

DOA 信息	I'_1	I'_2	I'_3
DOA 在天线 1 和 2 之间	−1	1	1
DOA 在天线 2 和 3 之间	−1	−1	1
DOA 在天线 3 和 4 之间	−1	−1	−1
DOA 在天线 4 和 5 之间	1	−1	−1
DOA 在天线 5 和 6 之间	1	1	−1
DOA 在天线 6 和 1 之间	1	1	1

　　通过调制干扰环路的参数调制方向,改进型 C-MRCJ 在不同干扰机转角范围内可以实现全方位持续干扰,其信号流程如图 6.5 所示。

　　为保证改进型 C-MRCJ 的干扰时效性,减小干扰系统的反应时间,参数调制方向的调整可以使用数字开关来实现,通过对高低电平的控制来选择不同的参数调制模块,如图 6.6 所示。

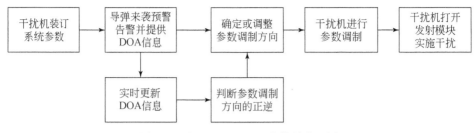

图 6.5　改进型 C-MRCJ 的信号流程图

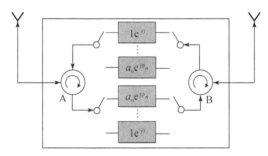

图 6.6　调整参数调制方向的实现方式

改进型 C-MRCJ 在具备全方位持续干扰能力的同时,也能够获得全方位稳健的干扰能力。稳健干扰能力是指在单脉冲雷达的方位/俯仰整个角平面内,C-MRCJ 能够引入变化很小的测角误差的干扰能力。改进型 C-MRCJ 通过对干扰环路间夹角进行合理设置可以实现全方位稳健干扰,本章将在 6.5.3 节对此进行具体分析。

6.4　C-MRCJ 的参数容限求解

C-MRCJ 的参数容限求解过程与 L-MRCJ 类似,但仍有一些参数不同。同 L-MRCJ 一样,C-MRCJ 存在和通道主波束内单脉冲指示角不为零的情况。当式(6.27)约等号右边分式的分子不为零时,有

$$G_{SI} > \frac{1}{2k_c}$$

$$\geqslant \frac{1}{\beta d_p \theta_e} \tag{6.29}$$

式中,G_{SI} 为使单脉冲指示角不为零的最小交叉眼增益幅度。式(6.29)的推导用到了以下近似:

$$k_c \approx \beta \frac{d_p}{2} \theta_e \tag{6.30}$$

当 k_c 在和通道主波束内变化很小时,式(6.30)中的近似成立。

当式(6.27)约等号右边分式的分子等于零时,交叉眼增益幅度 G_S 为

$$
\begin{aligned}
G_S &= |G_c| \\
&= \frac{\sin(2k)}{2k_c} \\
&\approx \frac{\sin[\beta d_p \sin(G_\theta \theta_e)]}{\beta d_p \theta_e}
\end{aligned} \tag{6.31}
$$

式中,G_θ 为角度因子。

为了造成一定的测角误差或造成单脉冲雷达失锁,首先给定稳定角 θ_s 或角度因子 G_θ,通过式(6.31)得到 G_θ 对应的交叉眼增益幅度 G_S,然后根据式(6.26)推导出 G_S 对应的系统参数 a_i、ϕ_i 闭合解。闭合解的变化范围即为参数 a_i 与 ϕ_i 的容限。

6.5　仿真实验与结果分析

为了验证 C-MRCJ 的优越性,本节设计了一系列的仿真实验来比较 C-MRCJ 与 TRCJ、L-MRCJ 的干扰性能。同时,本节分析了干扰环路调制方向、夹角和个数对 C-MRCJ 干扰性能的影响,验证了基于 DOA 信息的改进型 C-MRCJ 可以获得全方位持续稳健的干扰能力,并给出了 C-MRCJ 干扰实现的最佳方案。

考虑到 C-MRCJ 系统自由度多的特点,不失一般性,本节使用了两种具有不同干扰环路夹角的六阵元圆阵,如图 6.7 所示。令阵元 1 和 4 组成干扰环路 1,阵元 2 和 5 组成干扰环路 2,阵元 3 和 6 组成干扰环路 3。图 6.7(a)中,干扰环路 1 与干扰环路 2、干扰环路 1 与干扰环路 3 之间的夹角均为 15°,干扰环路 2 与干扰环路 3 之间的夹角为 150°,该结构的 C-MRCJ 称为 C-MRCJ-1。图 6.7(b)中,干扰环路等间隔分布,夹角为 60°,该结构的 C-MRCJ 称为 C-MRCJ-2。图 6.7 中两种圆阵的直径均为 d_c。

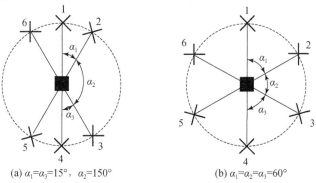

(a) $\alpha_1 = \alpha_3 = 15°$,　$\alpha_2 = 150°$　　　　　(b) $\alpha_1 = \alpha_2 = \alpha_3 = 60°$

图 6.7　两种不同的 C-MRCJ 天线阵列结构

作为比照,图 6.8 给出了采用六阵元非均匀线阵的 L-MRCJ,其中阵元 1 和 6 组成干扰环路 1,阵元 2 和 5 组成干扰环路 2,阵元 3 和 4 组成干扰环路 3。干扰环路 1～干扰环路 3 的基线长度分别为 d_c、$4d_c/5$ 和 $3d_c/5$。

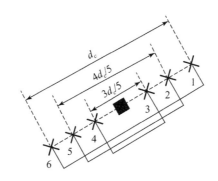

图 6.8　采用六阵元非均匀线阵的 L-MRCJ

典型的导弹攻击飞机/舰船的干扰场景中参数设置如下:雷达频段为 X 波段,频点为 9GHz,天线波束宽度为 10°,天线孔径 d_p 为 2.54λ,干扰距离为 1km,干扰机天线阵列的基线长度 d_c 为 10m。本节只考虑干扰环路差被精确补偿的情况,即 $C_n = 1$。忽略干扰环路差的作用并不影响本节关于 C-MRCJ 的结论,因为干扰环路差对 L-MRCJ 和 C-MRCJ 的影响机制相同,都是使不同干扰环路的和、差通道回波相互抵消。

6.5.1　单脉冲指示角对比

本小节将 C-MRCJ 分别与 TRCJ、L-MRCJ 进行单脉冲指示角对比,而单脉冲指示角反映了干扰机造成单脉冲雷达测角误差的能力。为方便计算,假设 C-MRCJ 与 L-MRCJ 的干扰环路 1 的转角为 0°,对于 C-MRCJ-1,干扰环路 2 和 3 的转角分别为 15°和 165°;对于 C-MRCJ-2,干扰环路 2 和 3 的转角分别为 60° 和 120°。

C-MRCJ、L-MRCJ 以及 TRCJ 的单脉冲指示角对比如图 6.9 所示,其中 TRCJ 的幅度比和相位差设置为 -0.5dB 和 180°,L-MRCJ 和 C-MRCJ 的系统参数设置相同,$a_1 = a_3 = -0.5\text{dB}$,$a_2 = 0.5\text{dB}$,$\phi_1 = \phi_2 = \phi_3 = 180°$。图中的垂线是由和通道回波在波数零位置处发生符号改变所致。

从图 6.9 中可以看出,C-MRCJ 与 L-MRCJ 和 TRCJ 相同,在雷达波束宽度 (-5°～5°)内存在单脉冲指示角不为零的情况。这意味着,在设定系统参数下,C-MRCJ 同样可以造成单脉冲雷达失锁。另外,当 $\theta_r = 0°$ 时,单脉冲指示角即为交叉眼干扰机引入的测角误差。相比 TRCJ,C-MRCJ 可以造成单脉冲雷达更大的

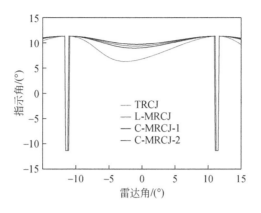

图 6.9　单脉冲指示角对比

测角误差,如图 6.9 所示。C-MRCJ 的这一优势得益于更多的系统自由度,即更多的系统参数,通过对系统参数合理地赋值,C-MRCJ 可以获得比 TRCJ 更高的干扰性能。

然而,对比 C-MRCJ 与 L-MRCJ 的单脉冲指示角曲线发现,C-MRCJ 在造成测角误差方面相比 L-MRCJ 并没有优势,C-MRCJ 可以获得比 L-MRCJ 更大或更小的测角误差。在系统参数设置相同的条件下,测角误差的大小取决于 C-MRCJ 的内部干扰环路相对于雷达视线的基线长度。基线长度决定了干扰环路相对于雷达视线的半张角,基线长度越大,半张角越大,造成的测角误差就越大。例如,C-MRCJ-1 的内部干扰环路(干扰环路 2 或 3)的基线长度为 $0.97d_c$,比 L-MRCJ 的内部干扰环路的基线长度大;C-MRCJ-2 的内部干扰环路的基线长度为 $0.5d_c$,比 L-MRCJ 的内部干扰环路的基线长度小,因此 C-MRCJ-1 可以获得比 L-MRCJ 更大的测角误差,而 C-MRCJ-2 可以获得比 L-MRCJ 更小的测角误差。C-MRCJ 的干扰性能与 L-MRCJ 相当,两者的区别在于改变交叉眼增益的因子不同:L-MRCJ 改变的是干扰环路基线比,而 C-MRCJ 改变的是干扰环路角间隔。

6.5.2　改进型 C-MRCJ 的持续干扰能力

首先,考察 C-MRCJ 未根据 DOA 信息进行调制方向调整时单脉冲指示角的变化。当干扰环路 1 在 $(-180°,180°)$ 转动时,不同系统参数下 L-MRCJ 与 C-MRCJ 的单脉冲指示角如图 6.10 所示。假设单脉冲雷达视轴方向为 $\theta_r=0°$,此时单脉冲指示角即为测角误差。

从图 6.10 中可以看出,当干扰机转角为 $\pm90°$ 时,L-MRCJ 造成单脉冲雷达的测角误差为零,意味着当威胁雷达出现在 L-MRCJ 天线阵列的端射方向上时,

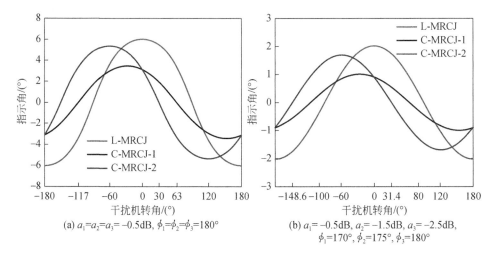

(a) $a_1=a_2=a_3=-0.5\text{dB}, \phi_1=\phi_2=\phi_3=180°$ 　　(b) $a_1=-0.5\text{dB}, a_2=-1.5\text{dB}, a_3=-2.5\text{dB},$
　　　　　　　　　　　　　　　　　　　　　　　　　$\phi_1=170°, \phi_2=175°, \phi_3=180°$

图 6.10　C-MRCJ 在天线阵列旋转时的单脉冲指示角

L-MRCJ 失效。然而,对于 C-MRCJ,同样存在使干扰机失效的转角。例如,对于 C-MRCJ-2,当干扰机转角为 $-150°$ 和 $30°$ 时,测角误差为零,C-MRCJ 失效。即使设置不同的系统参数 A_n,或者设置不同的干扰环路夹角,C-MRCJ 总是存在使测角误差为零的干扰机转角。由图 6.10(a)和(b)的对比结果可知,改变系统参数和干扰环路夹角,变化的只是测角误差的大小以及使测角误差为零的特定干扰机转角。

　　为形成对单脉冲雷达的 360° 持续干扰,改进型 C-MRCJ 根据 DOA 信息进行调制方向调整,调整细节见表 6.1。调制后的单脉冲指示角如图 6.11 所示。

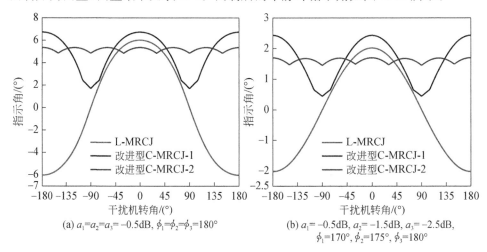

(a) $a_1=a_2=a_3=-0.5\text{dB}, \phi_1=\phi_2=\phi_3=180°$ 　　(b) $a_1=-0.5\text{dB}, a_2=-1.5\text{dB}, a_3=-2.5\text{dB},$
　　　　　　　　　　　　　　　　　　　　　　　　　$\phi_1=170°, \phi_2=175°, \phi_3=180°$

图 6.11　调制后的单脉冲指示角

从图 6.11 中可以看出,对于改进型 C-MRCJ,在 $(-180°, 180°)$ 的干扰机转角内,改进型 C-MRCJ 引入单脉冲雷达的测角误差始终不为零。因此,无论威胁雷达波从任何角度入射,改进型 C-MRCJ 都可以通过对调制方向的调整在整个角平面内对单脉冲雷达造成持续的角度欺骗干扰。持续干扰性能对装载在运动平台上的交叉眼干扰机尤为重要,能够全方位保护飞机、舰船等军事平台,此时交叉眼干扰机不需要结合拖曳式诱饵来应对不同角度的威胁。

另外,改进型 C-MRCJ 通过对参数调制方向的调整,可以使其造成单脉冲雷达的测角误差始终为正或始终为负。这意味无论平台如何转动,改进型 C-MRCJ 可以使视在假目标始终位于相对雷达视线的固定一侧。可见,无论雷达出现在干扰机的哪个方向上,改进型 C-MRCJ 都可以产生一个持续存在的、位置固定的视在假目标。

观察图 6.11 中单脉冲指示角曲线可以发现,不同天线结构的 C-MRCJ 在不同干扰机转角上的测角误差不同,而且在整个角平面内测角误差的变化范围不同。对比图 6.11(a) 和 (b) 可知,对于固定天线结构的改进型 C-MRCJ,改变系统参数时,单脉冲指示角发生改变,而曲线趋势不会发生变化。因此,改进型 C-MRCJ 的持续干扰能力不受系统参数的影响,而系统参数的变化只会影响测角误差的大小。

6.5.3　改进型 C-MRCJ 的稳健干扰能力

生成一个相对稳定的视在假目标对装置在运动平台上的交叉眼干扰机具有重要意义,因为此时 C-MRCJ 的干扰性能不会随着平台的运动而严重衰减。从图 6.11(a) 中可以看出,不同结构的 C-MRCJ 具有不同的干扰性能,其中 C-MRCJ-1 随着运动平台的转动、机动而造成单脉冲雷达的测角误差变化剧烈,而 C-MRCJ-2 造成单脉冲雷达测角误差的变化范围则相对稳定。因此,C-MRCJ-2 在稳健干扰能力上优于 C-MRCJ-1,具有相等基线长度和均匀角度间隔的天线阵列结构可以使改进型 C-MRCJ 实现稳健干扰。

上述结论是仅考虑了图 6.7 中两种 C-MRCJ 结构而得出的,不具备普适性。为此,本小节分两种情况进行验证。

情况一(对称结构):$\alpha_1 = \alpha_3$,$\alpha_2 = 180° - \alpha_1 - \alpha_3$,$\alpha_1$ 和 α_3($0°, 90°$)内取值。

情况二(非对称结构):$\alpha_1 \neq \alpha_3$,$\alpha_2 = 180° - \alpha_1 - \alpha_3$,$\alpha_1 = 60°$,$\alpha_3$ 在($0°, 90°$)内取值。

这两种情况涵盖了当某个干扰环路夹角为 $60°$ 的所有 C-MRCJ 结构。

当系统参数为 $a_1 = a_2 = a_3 = -0.5\mathrm{dB}$、$\phi_1 = \phi_2 = \phi_3 = 180°$ 时,不同结构的改进型 C-MRCJ 对应的单脉冲指示角如图 6.12 所示,其中右侧图例为 α_3 的取值情况。

从图 6.12 中可以看出,对于 $\alpha_1 = \alpha_3$ 和 $\alpha_1 \neq \alpha_3$ 两种情况中的多种改进型 C-MRCJ

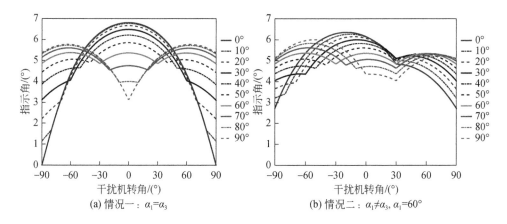

图 6.12　不同结构的改进型 C-MRCJ 对应的单脉冲指示角

结构,当干扰机在$(-90°,90°)$内转动、α_3 在$(0°,90°)$内取值时,$\alpha_1=\alpha_2=\alpha_3=60°$对应的改进型 C-MRCJ 结构具有最稳健的干扰性能,其造成的测角误差在$(4.86°,5.37°)$变化。

进一步,用单脉冲指示角(测角误差)的均值和方差作为衡量稳健干扰的两个指标,图 6.12 中单脉冲指示角的均值和方差如图 6.13 所示。

从图 6.13 中的均值和方差可以看出,相比其他结构的 C-MRCJ,采用 $\alpha_1=\alpha_2=\alpha_3=60°$结构的改进型 C-MRCJ 可以造成具有最大均值和最小方差的测角误差。这意味着采用均匀角度间隔天线结构的改进型 C-MRCJ 可以获得最稳定的测角误差,可以在整个角平面内对单脉冲雷达实现稳健的角度欺骗干扰。因此,采用相等基线长度和均匀角度间隔的天线阵列结构是改进型 C-MRCJ 的最优天线阵列结构。

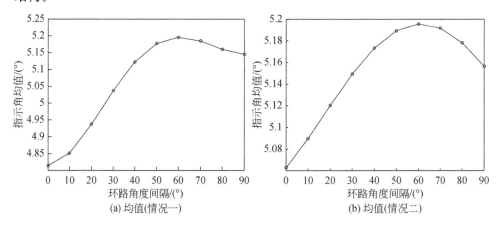

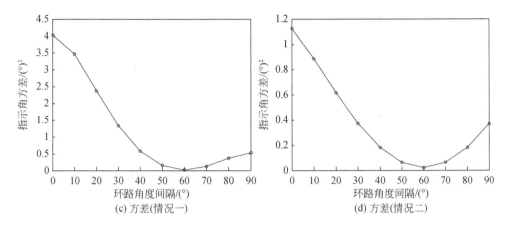

图 6.13　图 6.12 中单脉冲指示角的均值和方差

6.5.4　干扰环路个数的选择

本小节将对干扰环路的个数进行分析。文献[7]阐述了基于矩形阵列的旋转交叉眼干扰,实际上矩形反向阵列结构可以看作圆形反向阵列结构的特例。从理论上分析,当一个干扰环路失效时,矩形交叉眼干扰的性能反而不如雷达波从天线基线的侧向入射时 TRCJ 的干扰性能。这是因为对于矩形交叉眼干扰机,当一个干扰环路失效时,其交叉眼增益的分子幅度降低,而分母幅度不变,此时的矩形交叉眼干扰机的交叉眼增益比 TRCJ 的小。因此,基于矩形结构的多源反向交叉眼干扰在特殊情况下存在一定的劣势。

为给出 C-MRCJ 中干扰环路个数的合理建议,本小节将分析当 C-MRCJ 的天线阵列结构采用最优天线阵列结构、干扰环路个数不同时改进型 C-MRCJ 的干扰性能。当系统参数为 $a_1=a_2=a_3=-0.5\text{dB}$、$\phi_1=\phi_2=\phi_3=180°$,天线阵元数不同时,改进型 C-MRCJ 对应的单脉冲指示角如图 6.14 所示,对应的单脉冲指示角均值和方差如图 6.15 所示。

从图 6.14 中可以看出,随着干扰环路个数(天线阵元数)的增加,单脉冲指示角的最小值逐渐提高,同时其最大值逐渐降低,这意味着单脉冲指示角的稳定性逐渐提高。从图 6.15 中单脉冲指示角的均值和方差可以看出,随着 C-MRCJ 中干扰环路个数的增加,单脉冲指示角的均值提高,而方差降低。由四阵元变为六阵元有一个明显的性能提升,由六阵元变为八阵元性能提升缓慢。然而,增加阵元数目以换取微弱提高的干扰性能对 C-MRCJ 没有吸引力,反而更多的天线阵元数目将会大大增加干扰机系统的复杂度和硬件成本。因此,从单脉冲指示角的最小值、均值及其方差来看,建议 C-MRCJ 采用六阵元的天线阵列。

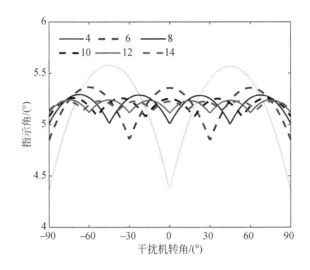

图 6.14　天线阵元数不同时改进型 C-MRCJ 对应的单脉冲指示角

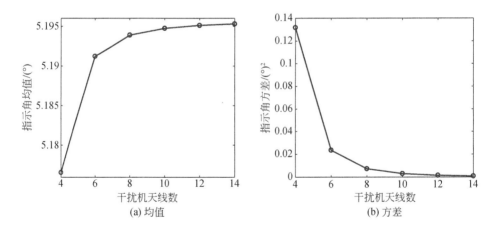

图 6.15　图 6.14 中单脉冲指示角的均值和方差

6.5.5　天线阵列结构对参数容限的影响

本小节将从参数容限的角度进一步分析采用最优天线阵列结构的改进型 C-MRCJ 的性能。为考察(a_1,ϕ_1)的容限需求,假设 $a_2 = a_3 = -0.5\text{dB}$,$\phi_2 = \phi_3 =$ 180°,并考虑四种干扰机转角,分别为 0°、30°、60°及 90°。改进型 C-MRCJ-1 在不同干扰机转角下的参数容限如图 6.16 所示。与 L-MRCJ 相同,CMRCJ 的无穷大的角度因子意味着单脉冲指示角不为零,此时要求交叉眼增益幅度大于 12.5。

从图 6.16 中可以看出,对于改进型 C-MRCJ-1,当干扰机转角取不同值时,(a_1, ϕ_1) 的容限发生急剧变化。当 θ_{c1} 从 0°增加到 90°时,特定角度因子的等高线越来越小。当 $\theta_{c1} = 90°$时,即单脉冲雷达处于干扰环路 1 的端射方向时,(a_1, ϕ_1) 的容限要求最苛刻。可见,当平台转动或者雷达波从不同方向入射时,C-MRCJ 的参数容限会迅速发生变化,为使 C-MRCJ 达到预期干扰效果,系统参数必须以最小的容限进行设置,否则超出容限范围会导致干扰性能降低,而苛刻的参数容限严重影响了交叉眼干扰机的性能。为使干扰机更有效,需要将干扰环路 1 的法线方向时刻对准单脉冲雷达的视轴方向,以获得最大的参数容限,然而在实际应用中实时校准干扰环路的法向并不现实。

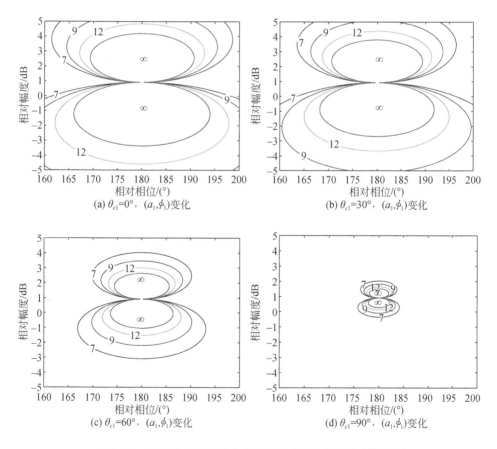

图 6.16　改进型 C-MRCJ-1 在不同干扰机转角下的参数容限

需要特别指出的是,虽然当单脉冲雷达处于干扰环路 1 的端射方向时干扰环路 1 失效,但仍需要设置干扰环路 1 的幅度比和相位差。这是因为含有(a_1, ϕ_1)的交叉眼增益表达式的分母并不为零,为了获得特定的角度因子,(a_1, ϕ_1)此时仍需要赋予合理的值。

改进型 C-MRCJ-2 在不同干扰机转角下的参数容限如图 6.17 所示。对比图 6.16 和图 6.17 可以看出,采用最优天线阵列结构的改进型 C-MRCJ-2,当干扰机转角取不同值时,(a_1, ϕ_1)的容限相对稳定,即使单脉冲雷达处于干扰环路 1 的端射方向时,(a_1, ϕ_1)的容限也相对比较宽松。

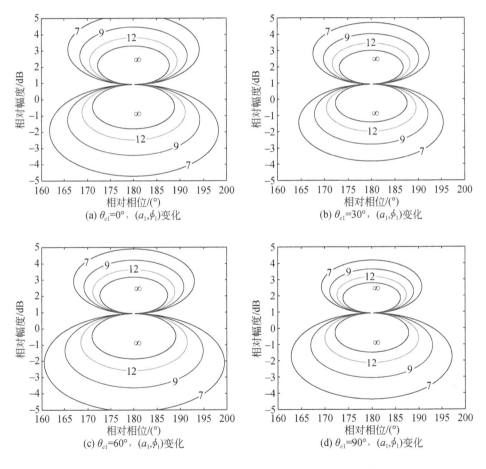

图 6.17　改进型 C-MRCJ-2 在不同干扰机转角下的参数容限

为进一步验证,本小节将分析采用其他天线阵列结构的 C-MRCJ 在不同干扰机转角下,特定角度因子对应的最大系统参数容限。此处,最大参数容限是指等高线图中上下两套等高线中下方等高线对应的参数容限。本小节仅考虑情况一的对称结构,即 $\alpha_1 = \alpha_3$, $\alpha_2 = 180° - \alpha_1 - \alpha_3$, α_1 和 α_3 在$(0°,90°)$内取值。图 6.18 给出了角度因子为 7 时,不同干扰机转角下(a_1,ϕ_1)的最大参数容限,其中 α_1 和 α_3 的取值见右侧图例。

从图 6.18 中可以看出,相比其他天线阵列结构,采用最优天线阵列结构的改进型 C-MRCJ 可以获得最稳定的参数容限。当干扰机在$(-90°,90°)$转动、角度因子取值为 7 时,采用最优天线阵列结构的改进型 C-MRCJ,幅度比容限为± 2.3dB,相位差容限为$\pm 15.4°$。结果再次证明,采用相等基线长度和均匀角度间隔的天线阵列结构是改进型 C-MRCJ 的最优天线阵列结构。

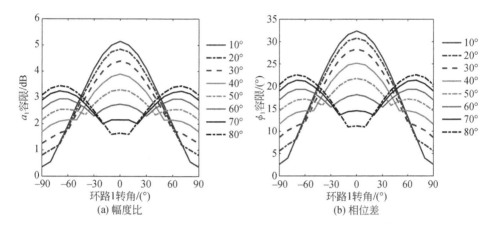

图 6.18　角度因子 7 对应的(a_1,ϕ_1)的最大参数容限

6.6　本 章 小 结

本章对 C-MRCJ 进行了全面的数学推导和性能分析,在建立 C-MRCJ 数学模型的基础上,对其干扰性能进行了深入研究。为实现全方位持续稳健的角度欺骗干扰,本章提出了基于 DOA 信息参数调制方向自适应调制的改进型 C-MRCJ,并给出了改进型 C-MRCJ 的信号处理流程和参数调制方向的调整方法。仿真结果表明,通过参数调制方向的调整和最优天线阵列结构的设计,改进型 C-MRCJ 可以实现全方位持续、稳健的角度欺骗干扰。从测角误差和参数容限两个角度证明了采用相等基线长度和均匀角度间隔的天线阵列结构是改进型 C-MRCJ 的最优天线阵列结构。从测角误差和硬件成本等方面考虑,建议改进型 C-MRCJ 采用六阵元的天线结构。

采用最优天线阵列结构的改进型 C-MRCJ，在继承了 L-MRCJ 多自由度优势的同时，具备全方位持续、稳健的干扰能力，能够在实际战斗场景中为飞机/舰船等平台提供持续稳定的自卫式角度欺骗干扰。新型的、贴近实用的多源反向阵列交叉眼干扰正是本书研究的落脚点。

参 考 文 献

[1] Bacchelli A. New technologies and innovative techniques for new-generation ECM systems [R]. Elettronica SpA, 2002.

[2] Neri F. Anti-monopulse jamming techniques[C]//Proceedings of 2001 SBMO/IEEE MTT-S International Microwave and Optoelectronics Conference (Volume: 2), Belem, 2001.

[3] Davies D E N. Some properties of Van Atta arrays and the use of 2-way amplification in the delay paths[J]. Proceedings of IEEE, 1963, 110(3): 507-512.

[4] Fuchs J J. On the application of the global matched filter to DOA estimation with uniform circular arrays[J]. IEEE Transactions on Signal Processing, 2001, 49(4): 702-709.

[5] Ye Z, Xiang L, Xu X. DOA estimation with circular array via spatial averaging algorithm [J]. IEEE Antennas and Wireless Propagation Letters, 2007, 6: 74-76.

[6] Chan S C, Chen H H. Uniform concentric circular arrays with frequency-invariant characteristics: Theory, design, adaptive beamforming and DOA estimation[J]. IEEE Transactions on Signal Processing, 2007, 55(1): 165-177.

[7] Liu S, Dong C, Xu J, et al. Analysis of rotating cross-eye jamming[J]. IEEE Antennas and Wireless Propagation Letters, 2015, 14: 939-942.

第7章　总结与展望

1.总结

交叉眼干扰自正式提出已走过了六十多年的发展历程,当下仍受到电子战领域的重点关注,其原因主要为:在为数不多的对抗单脉冲雷达的干扰样式中,交叉眼干扰被认为是最有效的干扰样式。国内外学者对传统交叉眼干扰已有大量研究,并取得了丰硕成果。针对传统交叉眼干扰难以实用化的缺点,本书以对单脉冲雷达形成持续稳健的角度欺骗干扰为落脚点,通过提高干扰机系统自由度的途径,对基于反向天线阵列的多源反向交叉眼干扰进行了深入研究,并对搭建实际的多源反向交叉眼干扰系统提出了合理的建议,具体包括:

(1) 在分析两源交叉眼干扰应用局限性的基础上,提出了多源线阵反向交叉眼干扰。在对抗比相单脉冲雷达和比幅单脉冲雷达两种不同的干扰场景下,分别推导了单脉冲比和单脉冲指示角,并通过三角函数近似和通道波束的泰勒级数展开,分别推导了各自场景下的交叉眼增益。在此过程中,通过引入干扰环路差和干扰环路基线比来阐述 MRCJ 特有的多干扰环路特性。理论分析和仿真实验结果表明,L-MRCJ 是两源反向交叉眼干扰在天线结构上的拓展,其优势在于提供了更多的系统自由度。L-MRCJ 在获得两源反向交叉眼干扰一般性结论的同时,相比两源反向交叉眼干扰,可以造成单脉冲雷达更大的测角误差。

(2) 分析了多源线阵反向交叉眼干扰的参数容限。在引入稳定角和角度因子后,将参数容限求解问题转化为求解 L-MRCJ 以获取特定的稳定角、角度因子、系统参数所容忍的误差范围。针对稳定角是否存在两种情况,分别推导了稳定角不存在所要求的最小交叉眼增益幅度,以及稳定角存在时的交叉眼增益幅度,进而得到了 L-MRCJ 的参数容限。此后,讨论了 L-MRCJ 参数容限的影响因素,包括干扰距离、干扰环路基线比和干扰环路差。理论分析和仿真实验结果表明,L-MRCJ 比两源反向交叉眼干扰的参数容限要求更加宽松,而宽松容限优势本质上是由其多自由度决定的。小的干扰距离、大的干扰环路基线比和被精确补偿的干扰环路差,都会使 L-MRCJ 的参数容限要求变得宽松。

(3) 分析了多源线阵反向交叉眼干扰的 JSR 需求。在对平台反射回波和干扰机回波进行数学建模的基础上,推导了单脉冲雷达的总和、差通道回波,推导了总单脉冲比和总交叉眼增益。鉴于平台反射回波的相位不确定性,总交叉眼增益不再是单一值,而是由平台反射回波相位决定的随机变量。假设平台反射回波相位在角平面内均匀分布,推导了总交叉眼增益的累积分布函数及其中值和极限值。为定量分析平台反射回波对 L-MRCJ 的影响,定义了 L-MRCJ 的 JSR。理论分析和仿真实验结果表明,受益于多自由度的优势,L-MRCJ 比两源反向交叉眼干扰的 JSR 需求低;平台反射回波扮演着信标机的角色,削弱了 L-MRCJ 的作用;JSR 决定了 L-MRCJ 能否得到特定幅度的总交叉眼增益,影响了 L-MRCJ 系统的参数容限;总交叉眼增益的极限值界定了中值的取值范围,考虑到跟踪滤波器的特性,总交叉眼增益中值更具有指导意义;JSR 的合理取值范围为 10~30dB,同时应避开总交叉眼增益变化剧烈的 JSR 值;缩减平台 RCS 或采用具有高等效辐射功率的收发天线可以使 L-MRCJ 获得高 JSR。

(4)针对平台转动使交叉眼干扰性能发生剧烈变化的问题,提出了多源圆阵反向交叉眼干扰,在定义干扰环路的参数调制方向的基础上,推导了 C-MRCJ 的单脉冲比和交叉眼增益。C-MRCJ 的干扰性能与 L-MRCJ 相当,两者的区别在于改变交叉眼增益的因子不同:L-MRCJ 改变的是干扰环路基线比,而 C-MRCJ 改变的是干扰环路角间隔。为实现全方位持续、稳健的干扰性能,提出了基于 DOA 信息参数调制方向自适应调制的改进型 C-MRCJ,给出了改进型 C-MRCJ 的信号处理流程和参数调制方向的调整方法。仿真结果表明,通过参数调制方向的调整和最优天下阵列结构的设计,改进型 C-MRCJ 可以实现全方位持续、稳健的角度欺骗干扰;采用相等基线长度和均匀角度间隔的天线阵列结构是改进型 C-MRCJ 的最优天线阵列结构;综合考虑测角误差和硬件成本,建议改进型 C-MRCJ 采用六阵元的天线结构。

2. 展望

本书的主要工作是深化了交叉眼干扰理论,从传统的两源交叉眼干扰拓展到多源反向交叉眼干扰,并对 L-MRCJ 和 C-MRCJ 分别进行了数学建模和性能分析,为构建实际的多源反向交叉眼干扰系统提出了合理的建议。随着研究的深入和干扰系统的实用化,预计在以下方面会取得有价值的研究成果:

(1)关于运动平台的径向运动对多源反向交叉眼干扰的影响分析。本书在对多源反向交叉眼干扰进行数学建模时,并没有考虑平台的径向运动。实际上,对于同一干扰环路,两个天线单元的径向速度差异会引入多普勒相位差,受干扰环路反向特性的影响,引入两路干扰信号中的多普勒相位差相同,因此平台径向运动对两源反向交叉眼干扰没有影响;对于多源反向交叉眼干扰,不同干扰环路间的多普勒相位差将会存在较大差异。多普勒相位差应包含在干扰环路差中,而 du Plessis 在分析干扰环路差时并未考虑多普勒相位差的问题。可见,平台的径向运动对多源反向交叉眼干扰的性能影响值得研究。

（2）关于搭建实际的多源反向交叉眼干扰系统的影响因素分析。多源反向交叉眼干扰系统的实用化面临着诸多挑战，包括多个干扰环路工作的时钟同步、压缩干扰系统的反应时间以减小平台和视在假目标的距离差异、干扰环路差的精确补偿、结合雷达信号参数如何合理设置干扰环路基线长度，以及收发循环器、收发天线的隔离度设计等。在搭建实际的多源反向交叉眼干扰系统时，上述细节处理不好会严重影响多源反向交叉眼干扰的性能。可见，研究搭建实际的多源反向交叉眼干扰系统的影响因素具有重要意义。

（3）关于组合干扰的研究。考虑到交叉眼干扰自身的特点，将其与其他干扰样式相结合，有利于弥补交叉眼干扰的缺陷，提升交叉眼干扰的干扰效果。欧洲的"台风"战斗机装备的 DASS 系统中采用了两源交叉眼干扰与拖曳式诱饵的组合干扰样式，弥补了各自存在锥形盲区的缺点。交叉眼干扰结合距离波门拖引干扰，在对雷达实施距离和角度同步欺骗干扰的同时，降低了交叉眼干扰对 JSR 的要求。此外，对于大尺寸的军事平台，例如航母，将交叉眼干扰与闪烁干扰结合，使得交叉眼干扰使用短基线仍能够将视在假目标放置在大尺寸平台之外。

（4）多平台交叉眼干扰机协同干扰技术研究。智能无人武器在军事领域的大量应用将改变未来作战样式，大量无人机投入战场形成"蜂群"战术，搭载在无人机上的交叉眼干扰可以为其提供侦察、打击之外的自卫式干扰能力。多平台交叉眼干扰机协同干扰在保护无人机平台、提升干扰效果方面具有十分诱人的应用前景。

附录 A r_{jn} 的泰勒级数展开

本附录推导式(4.21)。雷达到干扰环路中每个天线的距离为

$$r_{jn} = \sqrt{r_n^2 \pm r_n d_n \sin(\theta_c) + \left(\frac{d_n}{2}\right)^2} \qquad (A.1)$$

r_{jn} 关于 d_n 的泰勒级数展开为

$$r_{jn} = \sum_{m=0}^{\infty} d_n^m \cdot \frac{1}{m!} \frac{\partial^m}{\partial d_n^m} r_{jn} \bigg|_{d_n=0} \qquad (A.2)$$

一阶乘幂系数为

$$\frac{\partial' r_{jn}}{\partial d_n} = \frac{1}{2} \left[r_n^2 \pm r_n d_n \sin(\theta_c) + \left(\frac{d_n}{2}\right)^2 \right]^{-\frac{1}{2}} \left[\pm r_n \sin(\theta_c) + \frac{d_n}{2} \right] \qquad (A.3)$$

则

$$\frac{\partial' r_{jn}}{\partial d_n} \bigg|_{d_n=0} = \pm \frac{\sin(\theta_c)}{2} \qquad (A.4)$$

二阶乘幂系数为

$$\frac{1}{2!} \frac{\partial^2 r_{jn}}{\partial d_n^2} = \frac{1}{2} \left\{ \frac{1}{4} \left[r_n^2 \pm r_n d_n \sin(\theta_c) + \left(\frac{d_n}{2}\right)^2 \right]^{-\frac{1}{2}} \right.$$

$$\left. - \frac{1}{4} \left[\pm r_n \sin(\theta_c) + \frac{d_n}{2} \right]^2 \left[r_n^2 \pm r_n d_n \sin(\theta_c) + \left(\frac{d_n}{2}\right)^2 \right]^{-\frac{3}{2}} \right\}$$

$$(A.5)$$

则

$$\frac{1}{2!} \frac{\partial^2 r_{jn}}{\partial d_n^2} \bigg|_{d_n=0} = \frac{1}{2} \frac{1 - \sin^2(\theta_c)}{4r_n}$$

$$= \frac{\cos^2(\theta_c)}{8r_n} \qquad (A.6)$$

推导高阶项,有

$$\frac{1}{3!} \frac{\partial^3 r_{jn}}{\partial d_n^3} \bigg|_{d_n=0} = \mp \frac{\cos^2(\theta_c) \sin^2(\theta_c)}{16r_n^2} \qquad (A.7)$$

$$\frac{1}{4!} \frac{\partial^4 r_{jn}}{\partial d_n^4} \bigg|_{d_n=0} = -\frac{\cos^2(\theta_c) [5\cos^2(\theta_c) - 4]}{128r_n^3} \qquad (A.8)$$

因此,r_{jn} 泰勒级数展开为

$$r_{jn} = r_n \pm \frac{\sin(\theta_c)}{2} d_n + \frac{\cos^2(\theta_c)}{8r_n} d_n^2 \mp \frac{\cos^2(\theta_c) \sin^2(\theta_c)}{16r_n^2} d_n^3$$

$$- \frac{\cos^2(\theta_c)\left[5\cos^2(\theta_c) - 4\right]}{128r_n^3}d_n^4 + \cdots \tag{A.9}$$

忽略高阶项，r_{jn} 可表示为

$$r_{jn} \approx r_n \pm \frac{\sin(\theta_c)}{2}d_n + \frac{\cos^2(\theta_c)}{8r_n}d_n^2 \tag{A.10}$$

干扰环路 n 的总干扰路径长度 r_{jn} 的最大误差为

$$r_{jn} \approx r_n \pm \frac{\sin(\theta_c)}{2}d_n + \frac{\cos^2(\theta_c)}{8r_n}d_n^2 \tag{A.11}$$

$$\leqslant \frac{d_n^4}{64r_n^3}$$

在交叉眼干扰机实际应用场景下，$r_n \gg d_n$，因此该误差可以忽略不计。

附录 B 交叉眼增益极限值的推导

总交叉眼增益的极限值为以下方程的根：

$$(k_1 - G_e k_4)^2 = (k_2 - G_e k_5)^2 + (k_3 - G_e k_6)^2 \tag{B.1}$$

将

$$k_1 = ac + bd \tag{B.2}$$

$$k_2 = ca_s \tag{B.3}$$

$$k_3 = da_s \tag{B.4}$$

$$k_4 = a^2 + b^2 + a_s^2 \tag{B.5}$$

$$k_5 = 2aa_s \tag{B.6}$$

$$k_6 = 2ba_s \tag{B.7}$$

代入式(B.1)，则有

$$[ac + bd - G_e(a^2 + b^2 + a_s^2)]^2 = (ca_s - 2aa_s G_e)^2 + (da_s - 2ba_s G_e)^2 \tag{B.8}$$

进一步推导得到

$$(a^2 + b^2 - a_s^2)^2 G_e^2 - 2(a^2 + b^2 - a_s^2)(ac + bd)G_e + [(ac + bd)^2 - a_s^2(c^2 + d^2)] = 0 \tag{B.9}$$

则总交叉眼增益的极限值为

$$
\begin{aligned}
G_e &= \frac{2(a^2 + b^2 - a_s^2)(ac + bd)}{2(a^2 + b^2 - a_s^2)^2} \\
&\quad \pm \frac{\sqrt{[2(a^2 + b^2 - a_s^2)(ac + bd)]^2 - 4(a^2 + b^2 - a_s^2)^2[(ac + bd)^2 - a_s^2(c^2 + d^2)]}}{2(a^2 + b^2 - a_s^2)^2} \\
&= \frac{2(a^2 + b^2 - a_s^2)(ac + bd) \pm \sqrt{4(a^2 + b^2 - a_s^2)^2 a_s^2(c^2 + d^2)}}{2(a^2 + b^2 - a_s^2)^2} \\
&= \frac{2(a^2 + b^2 - a_s^2)(ac + bd) \pm 2a_s|a^2 + b^2 - a_s^2|\sqrt{c^2 + d^2}}{2(a^2 + b^2 - a_s^2)^2} \\
&= \frac{ac + bd \pm a_s\sqrt{c^2 + d^2}}{a^2 + b^2 - a_s^2}
\end{aligned}
\tag{B.10}
$$

式中，$a_s > 0$。

式(B.10)中的绝对值意味着式中的两个根都有可能是最大值或者最小值，取决于 $a^2 + b^2 - a_s^2$ 的符号。当 $a^2 + b^2 - a_s^2 > 0$ 时，正号对应着最大值，负号对应着最小值；当 $a^2 + b^2 - a_s^2 < 0$ 时，正号对应着最小值，负号对应着最大值。

附录 C　总交叉眼增益极限值符号的推导

本附录推导 $c_n a_n < 1$ 时 ETCEG 的符号问题。对于 $c_n a_n < 1$ 的情况,只需将推导过程中的 JSR 用 $\text{JSR}/c_n^2 a_n^2$ 替换。

ETCEG 为

$$
\begin{aligned}
G_e &= \frac{ac + bd \pm a_s\sqrt{c^2 + d^2}}{a^2 + b^2 - a_s^2} \\
&= \frac{ac + bd \pm \sqrt{(c^2 + d^2)/\text{JSR}}}{(a^2 + b^2) - 1/\text{JSR}}
\end{aligned}
\tag{C.1}
$$

式中

$$
\text{JSR} = \frac{1}{a_s^2}
\tag{C.2}
$$

使 ETCEG 发生剧烈变动的特定 JSR 为

$$
J = \frac{1}{a^2 + b^2}
\tag{C.3}
$$

首先,判断 $ac + bd$ 与 $\sqrt{(c^2 + d^2)/\text{JSR}}$ 的大小关系。这里仅考虑 $ac + bd > 0$ 的情况,即隔离交叉眼增益为正的情况,对于隔离交叉眼增益为负的情况,可进行类似推导。

假设 $ac + bd > \sqrt{(c^2 + d^2)/\text{JSR}}$,则有

$$
(ac + bd)^2 > \frac{c^2 + d^2}{\text{JSR}}
\tag{C.4}
$$

$$
\text{JSR} > \frac{c^2 + d^2}{(ac + bd)^2}
\tag{C.5}
$$

考虑到

$$
(c^2 + d^2)(a^2 + b^2) = (ac + bd)^2 + (ad - bc)^2
\tag{C.6}
$$

则式(C.5)可改写为

$$
\begin{aligned}
\text{JSR} &> \frac{(ac + bd)^2 + (ad - bc)^2}{(a^2 + b^2)(ac + bd)^2} \\
&= \frac{1}{a^2 + b^2} + \frac{(ad - bc)^2}{(a^2 + b^2)(ac + bd)^2} \\
&= J + \frac{(ad - bc)^2}{(a^2 + b^2)(ac + bd)^2}
\end{aligned}
\tag{C.7}
$$

因此,当 JSR 满足式(C.7)中的条件时,$ac + bd > \sqrt{(c^2 + d^2)/\text{JSR}}$;反之,

$ac + bd < \sqrt{(c^2 + d^2)/\text{JSR}}$ 。

当 $a^2 + b^2 - a_s^2 > 0$ 时，JSR>J，式(C.1)的分母为正。此时分子中的"±"取正号对应着最大值，取负号对应着最小值。对于最大值，式(C.1)的分子一定为正，则最大值的符号为正。对于最小值，当 $\text{JSR} > J + (ad - bc)^2/[(a^2 + b^2)(ac + bd)^2]$ 时，式(C.1)的分子为正，最小值的符号为正；当 $J < \text{JSR} < J + (ad - bc)^2/[(a^2 + b^2)(ac + bd)^2]$ 时，式(C.1)的分子为负，最小值的符号为负。

当 $a^2 + b^2 - a_s^2 < 0$ 时，JSR<J，式(C.1)的分母为负。此时分子中的"±"取正号对应着最小值，负号对应着最大值。对于最大值，式(C.1)的分子一定为负，则最大值的符号为正。对于最小值，式(C.1)的分子一定为正，则最小值的符号为负。

综上所述，无论 JSR 取何值，总交叉眼增益的最大值符号一定为正。当 $\text{JSR} > J + (ad - bc)^2/[(a^2 + b^2)(ac + bd)^2]$ 时，总交叉眼增益的最小值为正，反之为负。